朱立慧
刘天衣　编著

翡

鉴◇赏◇宝◇典

上海科学技术出版社

图书在版编目（CIP）数据

翡翠鉴赏宝典／朱立慧，刘天衣编著．—上海：上海科学技术出版社，2015.12

ISBN 978-7-5478-2781-9

Ⅰ.①翡…　Ⅱ.①朱…　②刘…　Ⅲ.①翡翠－鉴赏－基本知识　Ⅳ.①TS933.21

中国版本图书馆CIP数据核字（2015）第192740号

翡翠鉴赏宝典

朱立慧　刘天衣　编著

上海世纪出版股份有限公司
上海科学技术出版社　出版

（上海钦州南路71号　邮政编码200235）

上海世纪出版股份有限公司发行中心发行

200001　上海福建中路193号　www.ewen.co

上海中华商务联合印刷有限公司印刷

开本889×1194　1/32　印张7.5

字数：260千字

2015年12月第1版　2015年12月第1次印刷

ISBN 978-7-5478-2781-9/TS·172

定价：58.00元

序

立慧和天衣继《翡翠投资收藏手册》之后，又著成《翡翠鉴赏宝典》一书，要我写些文字作序。自2004年认识了她们，至今已过去了11年，但在我眼中，她们始终是没有长大的孩子。然而，关于翡翠的著作放在我的案头时，又觉得她们已经长大，不禁心生欣慰之意。同时，也感觉后生可畏。

我搞收藏大半辈子，最热衷于石头和银器。十几年来，收了各种各样石头，以我陋见，翡翠亦是石头之一种。我可辨田黄、鸡血石，但上手一件翡翠，却不知其是A货、B货。好在有这两个女孩子把关，不至于吃亏上当。

立慧、天衣两位年轻作者，不但能鉴定翡翠，还著书立说，这是有其原因的。

首先，她们赶上了一个好年代。改革开放以来，中国飞速发展，百姓手中有了钱，翡翠这天生尤物自然会引诱众多人收藏。于是两位作者不失良机，自己创业，几年下来经营状况不错。

其次，她们没有走单一经营之路。在激烈的市场竞争之中，依然克服各种困难求学、读书，掌握了大量相关理论和知识。

再有，两位作者以严谨、科学的态度，购置了昂贵仪器，组建了自己的珠宝鉴定机构。这使她们如虎添翼，不但生意得心应手，而且练就了火眼金睛。

正因为她们多年来的刻苦创业和全面历练，因而打下牢固基础，如今又一作品即将问世。

我读着书稿，被此书的丰富内容及真知灼见所吸引。全书图文并茂，可使读者足不出户，如身临其境，流连于盛产翡翠之美丽山水之间；又开卷即可欣赏那五光十色的翡翠光环及婀娜多姿的倩影；书中的文字，还可使读者深入、全面了解翡翠的多重价值；同时又将匠人如何巧夺天工、精雕细刻而制成翡翠艺术品之技艺娓娓道来。

今日，中国人民正在为实现中华民族伟大复兴的中国梦而奋斗。美丽多姿的翡翠，定会为这一美好梦想的实现增添光彩。此书的出版，对于喜欢收藏、鉴赏，以及从事加工、研究翡翠的读者来讲，可谓是一本不可多得的佳作。相信读者在阅读此书时，会有置身于翡翠所组成的一场豪华盛宴之中的感觉，我相信此书会得到各界读者及社会的好评及认可。

中国集邮联合会原外事展览部部长
著名银器研究家　刘玉平

目　录

一

翡翠故事

翡翠在中国源远流长的玉文化中有着悠久的历史。古人云："乱世藏金，盛世藏玉"，翡翠作为"玉石之王"，备受世人青睐，是历代王孙贵族都喜爱和争先恐后收藏的对象。人们喜爱翡翠不仅仅是因为它有着与众不同的外表，更因为它有着深厚的文化内涵及神秘的东方韵味。古语云："君子无故，玉不去身，君子以玉比德焉"，即古人认为玉与自身的品德相等同，是道德及人品的象征。同时，翡翠近十年来越来越趋于国际化，与祖母绿一起被定为五月份的诞生石，是善良、热情之石，更象征着幸福和好运，在日本、韩国及东南亚各国也深受喜爱。

据《珠宝科技》中有关资料统计，在 20 世纪 70 年代初至 90 年代初短短 20 多年时间里，钻石价格的涨幅为 300%，祖母绿价格涨幅为 400%，蓝宝石价格涨幅为 500%，红宝石价格涨幅为 1 000%，而高档翡翠价格涨幅最大，高达 2 000%，即 20 倍。从 20 世纪 80 年代中期至今，特级翡翠的价格暴涨了近 3 000 倍。在所有贵重的珠宝玉石中，只有高档特级翡翠未受世界经济萧条的影响。随着翡翠价格的不断攀升，其投资、保值的功能和佩戴的实用功能，成为众多投资者和大众收藏家们重点关注的对象。

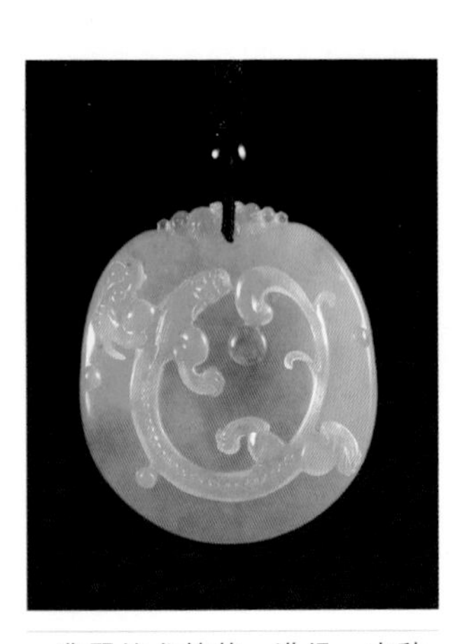

翡翠螭龙挂牌，满绿、冰种、质地细腻、工艺精湛。螭龙是龙的第二子，没有角的龙。翡翠螭龙继承了古代玉器雕刻的形式，结合了当今时尚的元素

在最近十年的各大拍卖会上，成交价格在千万

以上的翡翠饰品数不胜数。2012年天成国际翡翠拍卖会，总成交金额为4.05亿港元，成交率以价值计算为81%；其中，一条由23颗大颗粒满绿翡翠组成的项链，拍卖成交价格达到了1亿多港元。2014年4月7日，在香港苏富比瑰丽珠宝及翡翠首饰2014春季拍卖会上，总成交额达8.316亿港元；其中，来自传奇名媛芭芭拉·赫顿旧藏之天然翡翠珠项链以2.14亿港元天价成交，刷新任何翡翠首饰及任何卡地亚首饰的世界拍卖纪录。而拍卖会只是翡翠市场的一小部分，只是几千亿翡翠市场的冰山一角。

18K白金镶嵌钻石翡翠戒指。戒面为玻璃种满绿，晶莹剔透、翠绿欲滴，是戒面收藏的上品

香港苏富比拍卖会现场

翡翠作为一种不可再生资源，经过数千年的采挖，原料已越来越少，由于翡翠矿场的单一性和近年来的政治外交因素，高档翡翠更是一玉难求。改革开放以来，人们的生活水平与经济实力有了显著的提高，翡翠已经不再是贵族们的专有饰品，越来越多的人开始认识到了“玉石之王”翡翠的价值，加入投资收藏翡翠的行列。

苏富比拍卖的天价翡翠珠串，颜色正阳浓艳，老坑老种、质地细腻，更难得的是，其大小一致、绿色均匀

（一）翡翠的由来

1. 翡翠名称的由来

翡翠，也被称为翡翠玉、缅甸玉、翠玉。其名称的来源有几种，被大多数人认同的说法是：早先翡翠是一种生活在南方的鸟，其毛色十分艳丽，通常有蓝、绿、红、棕等颜色。一般雄鸟为红色，谓之“翡”；雌鸟为绿色，谓之“翠”。唐代诗人陈子昂在《感遇》中有这样的诗句：“翡翠巢南海，雄雌珠树林……旖旎光首饰，葳蕤烂锦衾。”意思是翡翠这种鸟生长在南方，筑巢在

巧妙分色的一对翡翠鸟，背部和翅膀为浓郁的黄翡，肚子刚好是绿色

神话中名贵的三珠树上。它的羽毛长得漂亮，既可以使美人的首饰临风招展，婀娜生光，又可以使美人的锦被结彩垂花，斑斓增艳。在清朝早期，翡翠鸟的羽毛被作为饰品进贡朝廷，尤其以绿色的翠羽毛深受宫廷御妻所喜爱。到了清朝中期，大量的缅甸玉进贡朝廷后宫，深得大家欣赏。由于缅甸玉的颜色艳丽，多为绿色和红色，与翡翠鸟的羽毛色相同，所以被清朝皇室冠以翡翠的名称，后来这个称呼传到民间，沿用至今。

翡翠名字的由来，历史上还有另一种说法：因为翡翠到了清朝政府统治时期才从缅甸通过第二条丝绸之路运入中国，而当时中国出产的新疆和田玉也被称为翠玉，当缅甸玉流入云南一带时被分辨出不是中国的和田玉（即翠玉），便将其称为“非翠”，即不是中国翠玉的意思。随着时光流逝，“非翠”就变成了“翡翠”。

2. 翡翠来源的传说

关于翡翠是怎样流入中国的，在民间有很多种说法，广为流传的说法为：13 世纪初，云南的一个盐商在从缅甸贩盐回中国的途中，由于马车上两侧重量失衡，便从途中捡了一块石头用来保持马车的平衡，于是将石头驮回了中国。那块带有皮壳的、被偶然驮回中国的石头经过岁月的磨擦去皮，在世人面前变成了一块晶莹透亮、

带有皮壳的翡翠原石外观与一般岩石无异，但剖开后可看到内部晶莹温润的翠色

温润亮泽、色泽艳丽的绿色翡翠。从此以后，我国内地一些人便踏上了寻觅翡翠的漫漫长路，人们对于翡翠的认识与喜爱也由此拉开了序幕。

民间有关翡翠的传说还有很多，其中帕敢人民的翡翠娘娘是中缅交界地域老百姓最为津津乐道的。

玻璃种翡翠自在观音牌，浑体通透，灵气逼人，雕工精湛，惟妙惟肖

帕敢是缅甸翡翠著名的出产地。缅甸当地大多数人认为翡翠是仙女精灵的化身，被人们尊称为“翡翠娘娘”。据说翡翠仙女是位美貌善良的中国姑娘，出生在风景秀美的云南大理的一个中医世家。她天生丽质，乐善好施。一个偶然的机会，缅甸王子被她的美丽所吸引，并用重

金迎娶了她。自从翡翠仙女嫁给了缅甸王子成为“翡翠娘娘”之后，她为缅甸的穷苦劳动人民做了许许多多的好事，她运用精湛的医术为他们驱魔治病，解除痛苦，还经常与民同乐，教穷人们唱歌、跳舞，穷人们都非常敬爱“翡翠娘娘”。然而她的所作所为却违反了当时缅甸的皇家礼教，国王为此非常震怒，将“翡翠娘娘”贬到了缅甸北部的密支那山区。缅北地区的居民大多非常贫穷，饥饿、疾病、瘟疫、灾难常常伴随着当地的贫穷百姓。翡翠娘娘看在眼里痛在心里，决心尽自己的所能解救受苦受难的百姓。于是，她亲自上山采药、煎药为生病的百姓免费医治，并且把中国当时的农耕技术传授给了当地百姓，受到缅甸人民的敬仰和爱戴。

翡翠娘娘用毕生的精力帮助穷苦人民，给百姓带来了幸福和财富，自己却病倒在回帕敢的路上，那个地方叫“索比亚丹”（肥皂山），距帕敢镇仅十多千米，翡翠娘娘此时已心力交瘁，带着些许的遗憾与世长辞。当人

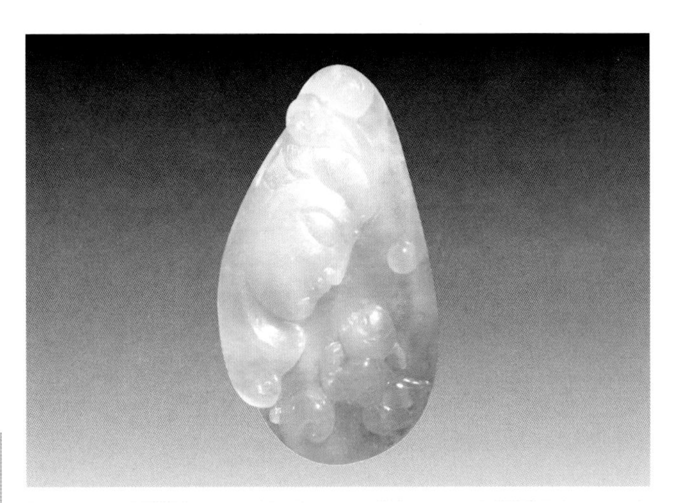

黄翡童子拜佛，人物面部生动，发丝纤毫毕现

三彩翡翠摆件，寓意为"万佛朝宗"。绿色、红色、白色，三色巧妙过渡，雕工惟妙惟肖

们呼唤着找到她的遗体后，不约而同地聚在索比亚丹为翡翠娘娘举行隆重的火葬。人们企盼着翡翠娘娘的灵魂升天，但她的灵魂却未随熊熊火焰升天。为了完成生前未了的心愿——造福百姓，福荫子民，让她的子民世世代代过上好日子，她神圣的灵魂融入了地幔，浸入了地壳的超基性火成硬玉岩中，最后变成了神秘的宝物——色彩斑斓、晶莹剔透的翡翠。

据说翡翠娘娘的灵魂化成翡翠宝石散落在索比亚丹山顶上。晶莹剔透的宝玉透射出七彩光华，沁人心脾的光华犹如春天绚烂的花朵。前来送葬的人们看到此宝玉时顿感心头一亮，所有病症都消失了，甚至连盲人都能重见光明。如此景象自然也引来了贪婪之徒，他们勾结盗贼欲抢夺这些奇珍异宝，而盗贼均被守卫宝玉的蟒蛇咬死。此时，翡翠宝玉也遭到雷击，随后翡翠宝玉变成了暗淡无光的黑石头。自此以后，美丽漂亮的翡翠不再炫耀自己，而是躲在厚厚的皮壳中，默默地为翡翠娘娘的子民创造财富。

（二）翡翠的历史

玉在中国传统文化里有着举足轻重的作用。玉是一种有灵气的宝物，象征着吉祥、好运。人们相信玉石可以趋吉避凶，身上佩玉可以预防疾病，修身养性。故有“人养玉，玉养人”之说。根据考古发掘的出土记录，在“海城仙人”遗址中曾出土了绿色蛇纹石制品，经鉴定距今约 12 000 年；兴隆洼文化墓葬出土的白玉玦距今有 8 200 多年的历史。由此可见，我国使用玉、佩戴玉的历史超过 12 000 年是毋庸置疑的。

翡翠怀古，质地细腻，绿色灵动，造型古朴

那么被视为“玉中之王”的翡翠又是何时传入中国的呢？宝石级翡翠最重要的产地在缅甸联邦及中缅边境地带。现今，位于云南西南部的腾冲是著名的翡翠集散地之一。而根据史料记载，元代以前腾冲的墓葬中并没有发现翡翠随葬品，翡翠是自明朝初期开始传入中国的。《云南冀勘察记》中记载，明朝初年，位于缅甸北部的勐拱是重要的翡翠集散地，同时也是最早发现翡翠的地方。当时就有中国人途径腾冲进入勐拱经商，此后翡翠便逐渐流入中国。到了明朝末年，云南腾冲的翡翠业已经呈一定的规模了。明朝著名的地理学家、旅行家和探险家徐霞客曾在腾冲停留了40天，目睹了腾冲翡翠业的发展，并拥有了两块翡翠，且记载于其著作《徐霞客游记》中，称之为“翠生玉”。同时，《徐霞客游记》中还包括了对翡翠最早、最生动具体的珍贵记录，这是翡翠作为玉石第一次正式出现在中国文献中。至此后，中国与缅甸之间的翡翠文化交流更加频繁，翡翠则多作为贡品献给当时的中央朝廷。

清朝中期，中国的翡翠文化进入了鼎盛时期，翡翠制品在朝廷和民间开始广为流传。玉器作坊遍布全国各地，其中由皇家控制的就有10处，宫廷直接管理的有“养心殿造办处”和“如意馆”两处。此外，在各地还有内务府管辖的织造、盐政、钞关等衙门接受造办处所派“钦定的”琢玉任务。这一时期，造办处的规模不断调整以加强制玉工序的组织管理，并从全国各地选调琢玉高手，大大加强了清宫玉器的生产能力和制造速度。由于皇室热衷于翡翠，使之被用于镶嵌各式各样的首饰、陈列的艺术品、随身的朝珠、把玩的“玉如意”等。清代乾隆年间进士檀萃撰写的《滇海虞衡志》中记载：“玉出南金沙江，距州二千余里，中多玉。夷人采之，撇出江岸各成堆。粗矿外护，大小如鹅卵石状，不知其中有玉、并玉之美恶与否，估客随意买之，运至大理及滇省，皆有作玉坊。解之见翡翠，平底暴富矣。”描述了当时翡翠的产出状况、玉石质量以及销售情况等。当时的腾冲、大理已经成为翡翠原石的集散地，因此民间就建立了“作玉坊”对翡翠原石进行加工和销售，从而获得不菲的经济收入。

（三）翡翠的文化

“谦谦君子，温润如玉”，古人以玉比德。玉文化在悠悠中华民族的历史长河中起到了不可磨灭的作用，是构成中国传统文化的重要因素。玉文化深入了每个炎黄子孙的内心，成为精神生活中不可缺少的部分。翡翠作为玉中之王，集美学、哲学、文学、宗教、历史、政治、经济于一身，充分体现了中华民族坚忍不拔的品格、中庸儒雅的价值观及丰富的文化内涵。翡翠代表着一种活

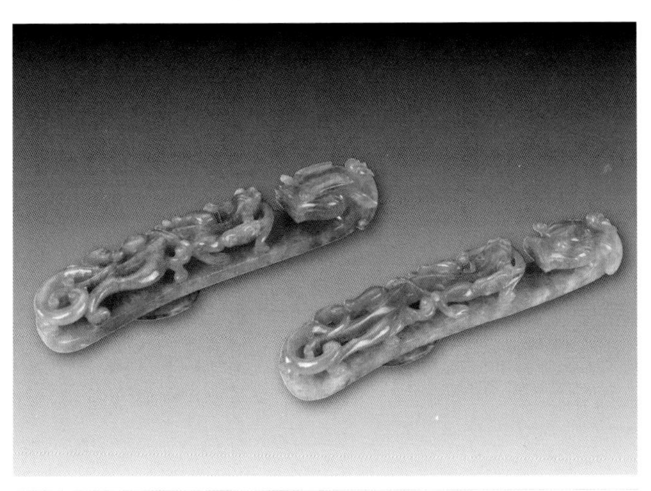

故宫藏翡翠螭纹龙首带钩，翠色碧绿，莹润明亮

力、向上、庄重和纯洁，它给人们一种欣欣向荣、平和宁静之感，是一种不可战胜的自然之力，也代表人们的内心向往和精神寄托。

郭沫若曾写过一首诗歌《玉石之王》来赞美翡翠：“玉王称翡翠，含耀尚流英。浓绿春心动，凝装古德馨。瑕瑜犹易辩，人鬼实难分。透视开门子，陶然赌石灵。”从古到今，翡翠代表着中国人民的精神文化，是祥瑞之石、幸运之石、富贵之石、美德之石。

1. 翡翠是一种身份的象征

早在奴隶社会时，玉便被奴隶主及贵族所占有并且被尊奉为至高无上的礼器，成为神灵的化身，相传只有双手持玉器下拜祈求上天方能使所求灵验。《周礼·大宗伯》中记载：“以玉作为六器，以礼天地四方。以苍璧礼天，以黄琮礼地，以青圭礼东方，以赤璋礼南方，以白虎礼西方，以玄璜礼北方。”二里头文化遗址出土的玉扁斧、多孔刀、戈、戚、矛头等武器，器胎极薄，不具备实用功能，目的就是为了显示军事统帅的权威。

除了在祭祀活动中使用礼器，玉在其他社会生活方面也占有很高的地位，如朝享、交聘、婚姻、军旅的礼仪方面也都使用玉器。玉具有崇高的尊严，能够佩戴玉、使用玉的人具有至高的地位和权势，是尊贵身份的强有力的象征。在礼仪方面，玉器本身也有等级之分，并与人的权势地位相结合。据《周礼》记载：“以玉作六瑞，以等邦国，王执镇圭，公执桓圭，侯执信圭，伯执躬圭，子执穀

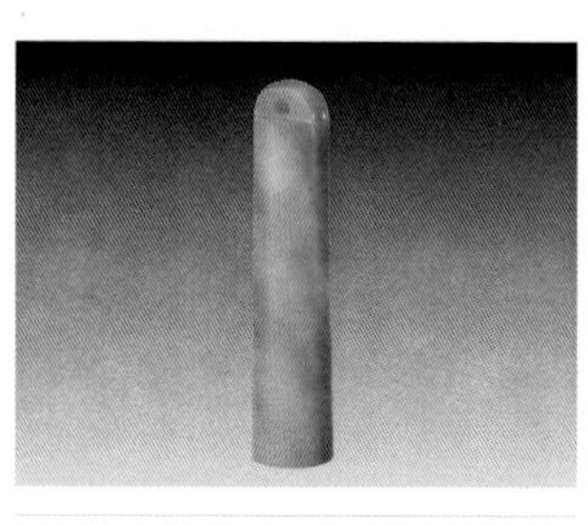

故宫收藏的清朝翡翠翎管

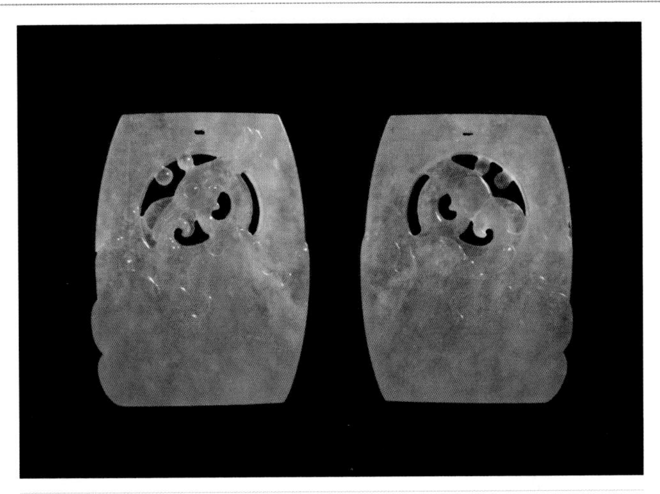

冰绿翡翠“一路连科”牌，“鹭”与“路”同音，鹭与莲相结合，表示学业仕途顺利

璧，男执蒲璧。”此外，代表至高无上皇权的“御玺”也是玉制的。秦始皇统一六国后，曾命人用蓝田玉刻“受命于天，既寿永昌”一玺，随身佩戴，这就是著名的“传国玺”。唐朝的玉腰带制度曾经盛行一时，腰带上所挂玉板的数量多少则象征着身份的高低。

古人认为玉是天地的精灵，人死以后如果口含玉或身上佩戴玉可以令尸体不腐，世代轮回。汉代皇帝和贵族将玉衣作为殓服，并通过编制玉衣的线质体现身份等级，金线最为尊贵，银线、铜线次之。能够以玉作为陪葬品是身份地位的体现，更是许多人所向往的事情。

2. 翡翠是美德的象征

美玉佩身可以显示出一种温文尔雅的气质和高贵典雅的品位。同时，源远流长的玉文化赋予玉高尚的道德情操。作为中国传统思想核心的儒家学派提出了“君子无故，玉不去身，君子与玉比德焉”。在“玉”与“德”

翡翠竹节牌，冰种阳绿，雕工简约古朴，突显竹子挺拔刚正，绿叶婆娑的高风亮节之意，从而将玉与君子之德联系在了一起

之间建立了桥梁，成为玉文化中举足轻重的组成部分。古代圣贤通常将玉和品德联系在一起育人。

东汉许慎在《说文解字》中提出玉有五德："玉，石之美者有五德。润泽以温，仁之方也；䚡理自外，可以知中，义之方也；其声舒扬，专以远闻，智之方也；不挠而折，勇之方也；锐廉而不忮，洁之方也。"意思是：玉的品质特征恰好对应君子的五种高尚品德。质地温润，好比仁慈之心；纹理自内显露于外，代表光明磊落、胸怀坦荡；敲击声音清脆悦耳，犹如大智大慧；坚韧不易损，对应英勇果敢；断口平滑不易伤人，恰似行为高洁。

法家学派的代表人物管子也提出了玉的"九德说"。《管子》中记载："夫玉所贵者，九德出焉。夫玉温润以泽，仁也；邻以理者，知也；坚而不蹙，义也；廉而不刿，行也；鲜而不垢，洁也；折而不挠，勇也；瑕适皆见，精也；茂华光泽，并通而不相陵，容也；叩之，其音清搏彻远，纯而不淆，辞也；是以人主贵之，藏以为室，剖以为符瑞，九德出焉。”意思就是：玉之所以珍贵，在于它代表了九种品德。温润而有光泽是仁厚的体现；清澈而有纹理是智慧的体现；坚硬而不屈服是义气的体现；清正而不伤人是行为高风亮节的体现；清澈而无垢污是洁身自好的体现；可折而不可屈是英勇的体现；瑕疵和精华同时展现是诚实的体现；华美与光泽相互渗透而互不侵犯是宽容的体现；敲击起来，声音轻扬远闻，纯而不乱，则是有条理的体现。

孔子在回答弟子提出的“玉是不是因为稀少才珍贵”的问题时则提出了玉的“十一德说”。《礼记·聘义》中记载：“有弟子曰：敢问君子，贵玉而践珉者何也？为玉之寡，而珉之多。孔子曰：言念君子，温其如玉，故君子贵之也；夫昔者君子比德于玉，温润而泽，仁也；缜密而栗，知也；廉而不刿，义也；垂之如坠，礼也；叩之其声清越以长，其终诎然，乐也；瑕不掩瑜，瑜不掩瑕，忠也；浮尹旁达，信也；气如长虹，天也；精神见于山川，地也；圭湾特达，德也；天下莫不贵者，道也。”

孔子指出了玉之所以被人珍视，是因为它具有君子所应当具备的十一种品德，即仁、知、义、礼、乐、忠、信、天、地、德、道。这十一种品德，成为儒家道德规范的守则。

3. 翡翠丰富的内涵

玉文化在中华民族文化中占据举足轻重的地位，深植于每个华夏儿女的内心。“国”字里就是一个“玉”字，国中有玉，象征着玉是国之魂，民族之魄。玉是高贵、吉祥、美好的象征，寄托着人们对幸福美好的渴望。古往今来，涉及玉的词藻不计其数，人们用“洁身如玉”“琼楼玉宇”“亭亭玉立”“玉液琼浆”等优雅动听的字眼颂扬着美好的事物，同样也用美好的事物来赞颂美玉。甚至中国人的名字中带有“玉”字的人数不胜数。在历代的诗词中，很多含有玉的诗句成为千古佳句。

在早期的《诗经》中，有“投我以木瓜，报之以琼琚；投我以桃李，报之以琼瑶……”，这里的“琼瑶”和“琼琚”指的是珍贵的玉器，用来象征淳朴美好的愿望，表达了我国古代人民朴素善良的内心世界。

唐代诗人李商隐有一首著名诗篇《锦瑟》，这曲凄婉的千古绝唱倾倒了后世无数的聆听者。诗中有“沧海月明珠有泪，蓝田日暖玉生烟”的诗句。此句以“沧海月明”“蓝田日暖”之景象来映射“珠有泪”的悲哀与“玉生烟”的迷惘。感叹美玉如同沧海遗珠一样无人赏识，抒发怀才不遇的情怀。

唐代诗人王昌龄的诗句“洛阳亲友如相问，一片冰心在玉壶。”相信大家都耳熟能详。但是只有少数人知道这是化用了六朝刘宋时期的诗人鲍照《代白头吟》中

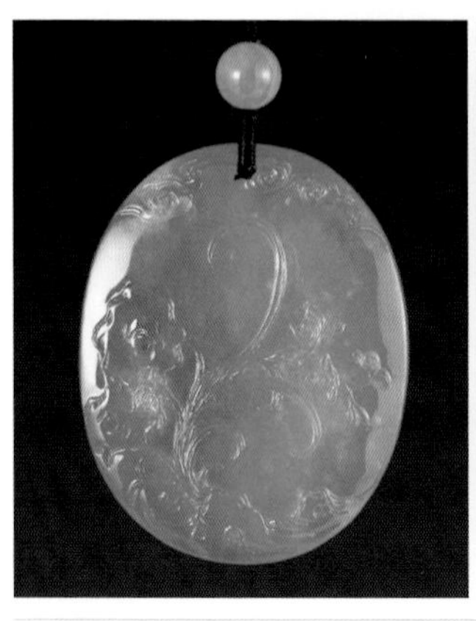
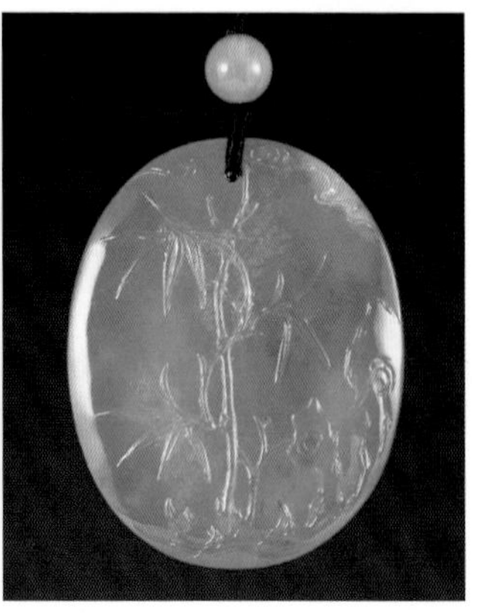

冰种阳绿翡翠兰花牌，浮雕工艺，雕刻手法古朴典雅（左）；冰种阳绿翡翠节节高升牌（右），是同一块牌子的正反面，寓意君子如兰似竹，品格高尚

“吹箫引凤鸣”翡翠吊坠，紫罗兰，质地细腻温润。“千古神女，弄玉吹箫，有凤来仪。”相传秦穆公的小女儿天生丽质，名为弄玉。她擅长吹笙，穆公给她筑楼，赐名“凤台”。一日，弄玉做了个梦，梦见一英俊男子，骑着一只彩凤吹箫而来。弄玉芳心暗动，拿出笙与其合奏。后寻得这个梦中人，成亲后非常恩爱

的“直如朱丝绳，清如玉壶冰”的诗句。玉壶象征着高洁清白、光明磊落的品格，诗人以此来传达自己冰清玉洁、坚持操守的信念。时至今日，很多人依然以“清廉高节，无愧于心”为座右铭，希望不被这充满诱惑的社会吸引，保持一颗如玉般的初心。

毋庸置疑，玉是所有美好事物的象征，而“窈窕淑女，君子好逑”，于是用玉石比喻佳人的诗句从古至今便层出不穷。

“二十四桥明月夜，玉人何处教吹箫。”“拂墙花影动，疑是玉人来。”“不信楼头杨柳月，玉人歌舞未曾归。”每当朗诵这样的诗句时，人们脑海中浮现的玉人，不仅仅是外表的美丽，同样拥有淡泊宁静、温文尔雅、纯净善良的内心。这样的玉人，足以让人为之倾倒，爱慕之情油然而生。

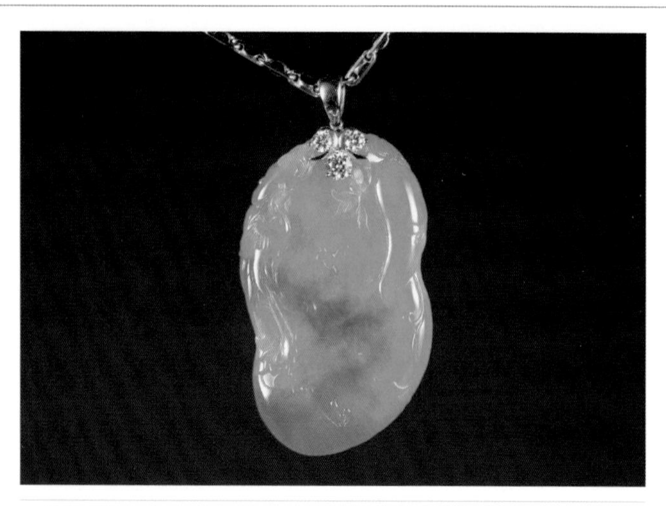

翡翠瓜，旁边盘只凤凰，寓意“富贵如意”。该翡翠颜色阳绿、冰种、肉细、料大，造型简洁

清朝诗人龚自珍《夜坐》中“美人如玉剑如虹”一句也被纳入了电视剧《情深深，雨濛濛》主题歌中，广为传唱。

玉自古以来都是权势和富贵的象征，古时候通常只有帝王和贵族才能佩戴玉石，才能用玉石作为装饰品。南唐后主李煜在被俘后作了一篇怀念故国的词《虞美人》，他回想起以往南唐宫殿的富丽堂皇，感叹曾经奢华的皇宫依然在，而宫殿的主人却不再是自己时写道：“雕栏玉砌应犹在，只是朱颜改；问君能有几多愁，恰似一江春水向东流。”

北宋词人苏轼《水调歌头》中有这样一句“我欲乘风归去，又恐琼楼玉宇，高处不胜寒。”这里的“琼楼玉宇”勾勒出一幅高贵优雅的仙界楼台的画面，给人以无限的想像。

先秦文学中，许多绚丽多姿的诗篇又给宝玉石文化增添了浓烈的浪漫主义色彩。例如屈原在《九歌》中写道："霾两轮兮絷四马，援玉枹兮击鸣鼓"，其中"玉枹"指的是玉质鼓头的鼓槌；《离骚》中"折琼枝以为羞兮，精琼靡以为米长；为余驾飞龙兮，杂瑶象以为车。"这里的"琼枝"指美丽的玉枝，"琼靡"指玉的碎屑，"瑶象"指的是美玉般的象牙，作者借宝玉石之美描写宏大万千的气势，抒发了诗人的浪漫主义情怀。

随着人类社会的进步，人们越来越注重精神文明的发展。发源于新石器时代早期而绵延至今的"玉文化"对于中国人来说有着非凡的意义。中国人眼中的玉是集天地精气的有灵韵的神圣之物，它满足了人们追求和祈祷美满幸福生活的精神需要。更为重要的是，玉文化能够作为中华民族的传统文明传播到世界各地，让世界更了解具有悠久历史的文明古国——中国。北京 2008 年奥运会的奖牌就是本着君子佩玉的理念采用了金镶玉的形式制作的，正面使用国际奥委会统一规定的图案，背面则镶嵌着取自中国古代龙纹玉璧造型的玉璧。奖牌在对获胜者礼赞的同时也传播了中华民族自古以来以"玉"比"德"的价值观。此外，通过观看奥运比赛，细心的观众应该会注意到，很多中国运动员和东南亚国家的运动员比赛时都佩戴了翡翠饰品。由此可见，玉文化已经在其他国家有了发展，很多人认为作为玉石之王的翡翠是吉祥之物，能带给人希望和好运。

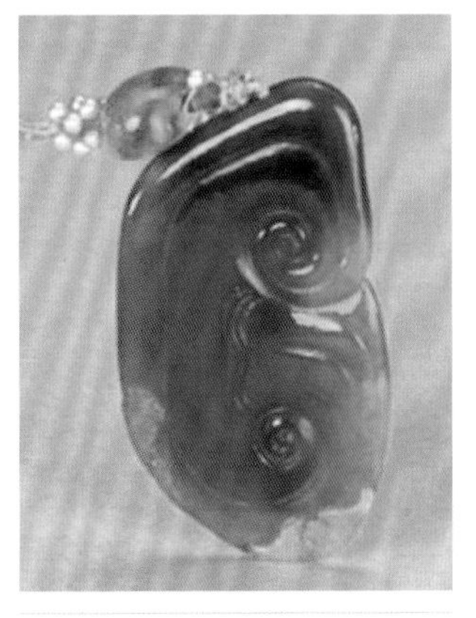

故宫收藏的翡翠灵芝佩。颜色浓艳，造型简单；古人贴身佩戴，可为定情之物

（四）翡翠的名人轶事

自古名士才女爱翡翠，不只因为它温润的品相代表着谦谦君子的美德，更因为它的稀有和珍贵象征着王者崇高和尊贵的地位。翡翠的收藏在于它的资源越来越稀缺，也在于它蒸蒸日上的价格，更在于它所代表的文化和内涵。翡翠收藏狂人，自古有之，从清朝的乾隆皇帝、慈禧太后、民国的四大才女、传奇的黑帮老大杜月笙、宋美龄，再到近代各国领导人的夫人、成功的女企业家，以及明星杨丽萍、刘晓庆等，都是翡翠的狂热追崇者。

据说清朝初期的一天，顺治皇帝率领众臣到河北省遵化一带狩猎，捕获了大量猎物。顺治纵马扬鞭登上了高山，极目向南远眺，金星山如锦屏翠帐；朝北远看，则是昌瑞山山峦重叠，林涛如涌，景物秀美，如同仙境，顺治皇帝不禁发出由衷的赞叹。他站在山巅，凝视着远方，不由想到了自己的后事。他向苍天默默地祷告，轻轻取下佩戴在大拇指上的白玉扳指，小心翼翼地扔下了山坡，然后向众臣宣诏："此山王气葱郁，可为朕的寿宫，

满色翡翠扳指，雕刻了童子献福的画面，工艺精妙，巧夺天工

故宫收藏的清朝老坑老种满绿扳指

扳指所落之处为佳穴，即可启工。”众部下顺着玉扳指滚落的方向找去，在草丛中发现了玉扳指，并且立桩做了标记。清东陵中的第一座陵寝——孝陵也就在这里落成了。可见，顺治皇帝是多么钟情于美玉了。

清乾隆皇帝少年得志，青年登基，开疆拓土，六下江南，执政60年，丰功累绩为后世赞誉。藏玉赏玉当然也是乾隆众多嗜好中不可或缺的一项，也因为他的这一喜好，促进了玉石业的发展，把中国传统玉文化也推向了新的高度。

清乾隆帝画像

清宫收藏的古代玉器，大多数都是乾隆时期收集的。为投乾隆所好，全国各地官员纷纷进献玉器。乾隆五十九年（1794年），仅广东官员进献给乾隆帝

故宫收藏的翡翠扳指

的玉器就有玉炉瓶三式一份、玉插屏一对，玉夔纹鼎一件、玉仙山一件、玉茗碗一对、玉富贵花衮一对、玉双环花插一件、玉宴碗一对、玉长寿佛盒一座、玉保合太和一件、玉欢天喜地瓶一件、玉长方挂屏一对、玉瓶洗合锦、玉翡翠洗一件、玉百鹿山一件、玉痕都斯坦合洗双件、玉玲珑佛盏成件、玉宝月尊成件等。

故宫藏玉三万多件，其中一半都是乾隆年制。乾隆元年，宫中设立了“如意馆”，专制玉器，由乾隆亲自督办。乾隆对收集到的翡翠等玉器分类、鉴别、分级，并把工艺粗陋的玉器交由“如意馆”改造。在他的《古玉斧佩记》中记载：“兹古玉斧佩一。白弗截肪，赤弗鸡冠，土渍尘蒙，列其次为丙。而弃置之库，亦不知几何年矣。偶因检阅旧器，绝有所异，命刮垢磨光，则穆然三代物也。嗟呼，物有隐翳埋没于下，不期而遇识拔，尚可为上等珍玩。”在制作较重要的玉器时，从画稿、制木型到加工成品，乾隆都要亲作审查，并亲自参与工匠的选配。每得到一件珍贵玉器后，乾隆往往诗兴大发，对其题诗咏颂。乾隆甚爱翡翠，在他为玉器所做的 80 多首诗中，称颂翡翠的就有 50 余首。

故宫收藏的清皇室翡翠手钏，满绿翡翠与粉红碧玺、珍珠戴佩，为清朝最高阶佩饰

乾隆皇帝对于新制玉器也有自己的看法，他反对文饰器浮轻巧、样式庸俗、做工粗糙，要求样式新颖、工艺精湛。乾隆年间，是清造办处产玉器最多最精美的时期。乾隆十二年（1747 年），乾隆命人为一件汉玉熊佩配座，画工没有按时进呈画样，乾隆大发雷霆，将画匠重责四十大板。在这种情况下，造办处的玉工都竭尽全力，发挥出高超的技艺，制造出一件件传世杰作。仅乾隆二十七年（1762 年）八月至十月间，皇宫从新疆采进的专做“特磬”的玉料就达 1 500 多千克。乾隆提倡宫廷珠宝陈设，当时制造的“串珠梅花”盆景就是“翡做花蕊翠做花瓣”，此作品现藏于北京的故宫博物院。

故宫收藏的满色浮雕翡翠扳指

上有所好，下必甚焉。由于乾隆皇帝对玉雕艺术的重视和对精美玉器的喜爱，爱玉、佩玉逐渐成为当时的风尚。

古往今来，若论翡翠收藏，清朝的慈禧太后可谓是“翡翠收藏第一狂人”。她对翡翠的热衷与历代的统治者相比都是空前绝后的，她对翡翠的喜爱已经达到无与伦比的狂热境界，是当之无愧的“翡翠狂”，更是名副其实的大收藏家。慈禧用过的玉饰中把玩件居多数，足能装满3 000个檀香木箱。官员们为了博得她的欢心，都会选择精美的上等翡翠作为贡品。

有一年，湖北的一名知府进献一个镶有大钻石的头饰，被慈禧拒收了，她宁可要一个镶有翡翠的小饰品。慈禧太后有一枚高质量的翡翠戒指，是琢玉高手依玉料的色彩形态雕琢的，其戒面形状成黄瓜形，极其逼真。她的头饰，全由翡翠及珍珠镶串而成，制作精巧，每一颗翡翠和珍珠均可活动。慈禧手腕上戴的是翡翠镯，手指上套着10厘米长的翡翠扳指。1900年，暴发义和团运动，慈禧逃离北京避难时，所带的珍宝主要是精美的玉器。她生前收集的天下极品翡翠，死后也随之作为陪葬。

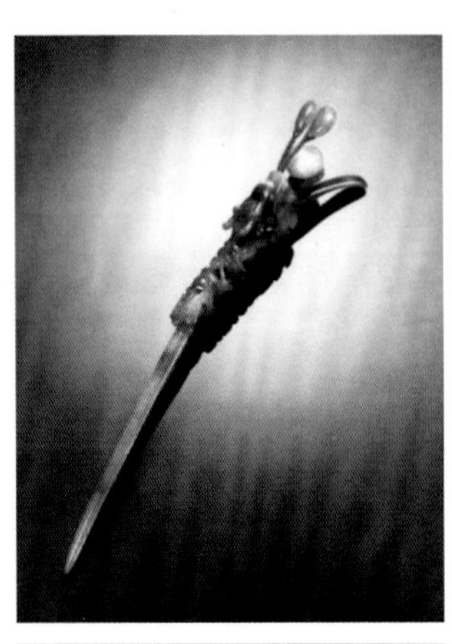

清慈禧太后御用龙形玉簪，1996年佳士得春季拍卖会上拍出人民币310万元的高价

内廷大总管李莲英的嗣长子李成武所著的《爱月轩笔记》对慈禧太后的殉葬品有详细记载：“太后未入棺时，先在棺底铺金花丝褥一层，褥上又铺珠

故宫收藏的清代翡翠满色对镯

一层，珠上又覆绣佛串珠之薄褥一层。头前置翠荷叶，脚下置一碧玺莲花。放后，始将太后抬入。后之两足登莲花上，头顶荷叶。身着金丝串珠彩绣礼服，外罩绣花串珠挂，又用串珠九链围后身而绕之，并以蚌佛 18 尊置于后之臂上。以上所置之宝系私人孝敬，不列公账者。众人置后，方为陀罗金被盖后身。后头戴珠冠，其傍又置金佛、翠佛、玉佛等 108 尊。后足左右各置西瓜一枚，甜瓜两枚，桃、李、杏、枣等宝物共大小 200 件。身之左旁置玉藕 1 只，上有荷叶、荷花等；身之右旁置珊瑚树 1 枝。其空处，则遍洒珠石等物，填满后，上盖网珠被 1 条。正欲上子盖时，大公主来。复将珠网被掀开，于盒中取出玉制八骏马 1 份，十八玉罗汉 1 份，置于后之手旁，方上子盖，至此殓礼已毕。”这里所说的西瓜、甜瓜、桃、李、杏、枣等均不是瓜果实物，而是以翡翠、名贵玉石材料制作成的工艺品。

至于慈禧地宫宝物的价值，《爱月轩笔记》中也有说明：金丝锦褥制价为 8.4 万两白银；绣佛串珠薄褥制

故宫瑰宝，三彩卧牛翡翠小摆件

价为2.2万两白银；翡翠荷叶估值85万两白银；陀罗经被铺珠820颗，估值16万两白银；后身串珠袍褂估价120万两白银；身旁金佛每尊重8两，玉佛每尊重6两，翡翠佛每尊重6两，红宝石佛每尊重3两5钱，各27尊，共108尊，约值62万两白银；翡翠西瓜2枚，约值220万两白银，翡翠甜瓜4枚，约值60万两白银；玉藕约值100万两白银；红珊瑚树约值53万两白银；价值最高的是慈禧头上戴的那顶珠冠，上面一颗4两重的大珠是外国人进贡的，价值1 000万两白银，陪葬品总价约1 005万两白银。另外，慈禧太后身上填有大珠约500粒，小珠约6 000粒，估值22.8万两白银。在这些珍宝里，那对翡翠西瓜是慈禧生前最珍爱的宝物之一。据说这对翡翠西瓜是番邦进贡的，瓜皮绿莹莹的，还带着墨绿色的条纹，而瓜里是红瓤、黑籽、白丝依稀可见，让人不禁赞叹大自然的神奇。结合当时的国币条例，金银货币换算的文献以及过去一个世纪白银价格相对于黄金的贬值因素和高档翡翠价格的升值因素，慈禧墓中的翡翠当今的评估价格大约增长了一千四百多倍。因此，把慈禧太后的陵墓说成是宝藏一点儿都不为过。

宋美龄是继慈禧太后之后的爱玉典范，她引领了20世纪翡翠时尚的先驱。她对翡翠的喜爱可谓是如痴如醉，至死不渝，一生钟情于翡翠。她收藏的精品中，最为出名的，且被广为传颂的是一对翡翠麻花手镯。据说20世纪30年代中期，北京的翡翠大王铁宝定买到一块翡翠料，翠色极佳，但略有瑕疵，能工巧匠根据料子特点，避其不足，将它雕琢成一对麻花手镯，掩瑕显翠，款式新颖，翠色鲜阳，晶莹剔透。铁宝定以4万元的价格将此手镯卖给了上海青帮头子杜月笙。宋美龄见到杜夫人佩戴这只手镯，一见钟情，爱不释手，杜夫人见宋美龄

台北故宫收藏的翡翠白菜摆件，“白菜”与“百财”谐音，有招百财，财源广进之意

麻花辫满色手镯，艳绿满色，种老底子细腻，圆条粗宽，是难得的收藏珍品。传说该手镯为宋美龄的心爱之物

如此迷恋只得割爱赠予了她。这对手镯在今天则是价值连城，类似的手镯在香港拍卖会上曾经以过亿港元成交。

宋美龄对翡翠极其热爱，经常佩戴翡翠出席各种重要活动。1997 年，宋美龄 100 岁生日宴会时，她的爱翠之情让宾客和媒体大开眼界。只见她佩戴着精美绝伦的整套翡翠首饰：翡翠耳钉、翡翠珠链、翡翠手镯、翡翠戒指。整套翡翠首饰颜色质地均属极品，耳钉和戒指的翡翠蛋面饱满圆润，色浓深邃，稳重大方；翡翠珠链珠圆玉润，帝王绿色，具有王者风范；一只满绿的翡翠手镯颜色均匀艳丽，细腻通透，夺人眼球。2003 年，106 岁高龄的宋美龄在出席美国国会纪念二次世界大战 50 周年

稀有的老坑阳绿满色翡翠珠链

故宫收藏的清朝藕段型满绿翡翠对镯

酒会时，钟爱翡翠的她依然佩戴着极品的套装翡翠：一对翡翠耳环、一对满绿的手镯，翡翠马鞍戒指，胸前还别着一只翡翠别针。同年十月份，宋美龄女士与世长辞，翡翠伴随其渡过了漫长的岁月。在这位老人身上人们目睹的不仅仅是岁月的沧桑，更多的是她的雍容华贵和典雅气质。

玻璃种正黄阳绿翡翠吊坠，晶莹剔透，娇媚润泽

除了历代名人雅士外，当代明星对翡翠的追求也是狂热的。在出席颁奖仪式、发布会、大型聚会等重大场合的时候，很多明星都以翡翠为饰物，来彰显自己高贵、温和、典雅的品格。如今，对翡翠的喜爱和认知已经日趋全球化，当今美国第一夫人米歇尔和总统奥巴马在美国驻英国大使官邸设宴款待英国女王伊丽莎白二世(Queen Elizabeth Ⅱ)和爱丁堡公爵菲利浦亲王(Prince Philip)时，就佩戴了中国珠宝品牌 YEWN 的翡翠钻石如意窗花戒指。

美国第一夫人米歇尔

米歇尔佩戴的 YEWN 翡翠钻石如意窗花戒指

二

认识翡翠

玻璃种阳绿福豆翡翠，又称平安四季豆，象征着富贵、安康、吉祥和福气

对于“翡翠”和“玉”的概念，很多人存在着误区，认为翡翠就是玉，玉就是翡翠。事实上，玉与翡翠是包含与被包含的关系。玉是统称，它包含着各类玉石，如翡翠、和田玉、岫岩玉、南阳玉等。专业上将玉分为硬玉与软玉两大类，翡翠属于硬玉，是玉中很名贵的一种。

章鸿钊在《石雅·玉类》中写到“……翡翠，东方谓之硬玉，泰西谓之桀特以德 Jadeite”。

翡翠，其英文名字为 Jadeite。19 世纪中叶，法国矿物学家 Damour 发现中国的玉器有两类不同的矿物组成，一类为闪石类，是传统的新疆产的和田玉，他称之为 Nephrite；另一类是辉石类的钠铝硅酸盐，是缅甸流入中国的玉石，他称之为 Jadeite。日本学者根据两者硬度的差异，分别将之翻译为软玉和硬玉。一百多年来宝石学界的教科书、文献甚至公文中一直沿用 Damour 来命名翡翠。关于翡翠的定义众说纷纭，其中欧阳秋眉教授对翡翠的化学成分进行了分析研究，认为翡翠是由三种单斜辉石——硬玉、绿辉石、钠铬辉石为主要矿物（可含有少量的非辉石类矿物）组成的具有粒状和纤维状紧密镶嵌结构的细粒多晶玉类矿物集合体。而在翡翠商业领域，商人则一直将具有美丽颜色和细腻质地的缅甸玉称为翡翠。

冰种满绿福瓜
碧玉，和田玉中的绿色品种
岫玉手镯
南阳玉皮带扣头

翡翠与其他玉石的对比

（一）翡翠的特性

对于大多数消费者来说，购买翡翠主要是为了佩戴。因此，消费者最关心也是商家最常被问到的问题就是翡翠的坚硬程度。很多消费者担心翡翠饰品尤其是手镯会因无意间的撞击而破碎或产生裂纹。

其实，翡翠是以硬玉矿物的化学成分为主，由多种细小纤维状矿物微晶纵横交织形成的致密状集合体。因为它具有纤维状交织结构，所以它的坚韧度极高，能抵御较高的撞击力和压力；其摩氏硬度为6.5～7（摩氏硬度是表示矿物硬度的一种计量标准，应用于矿物学和宝石学），指甲的摩氏硬度为2.5，玻璃的摩氏硬度为5～5.5，刀片的摩氏硬度为5.5～6，钢锉的摩氏硬度为6.5～7，因此普通小刀是刻不动翡翠的。通俗来讲，翡翠的坚韧度很高，玻璃和钢刀都无法使其产生痕迹，所以在日常生活中只要不是与大理石等坚硬的材质猛烈撞击，一般情况下翡翠及其饰品是不会破碎的。

此外，一些翡翠独有的特性也可以帮助人们分辨真伪。如“苍蝇翅”是鉴别天然A货翡翠的重要特性之一。所谓“苍蝇翅”指的是翡翠表面在光的照耀下所能见到的如同翅状的闪光小面，这是翡翠独有的特性，闪光面的大小与翡翠颗粒的大小有关。通常种水一般的翡翠，如豆种翡翠就易见“苍蝇翅”；而种水好的翡翠，如玻璃种就不可见“苍蝇翅”。此外，粗糙翡翠的切割面上可见有大量的“苍蝇翅”存在，抛光面上就不容易见。因此在观察“苍蝇翅”时有一定的诀窍：一是要在翡翠反光面上观察，二是观察部位应尽量避开抛光较好的部

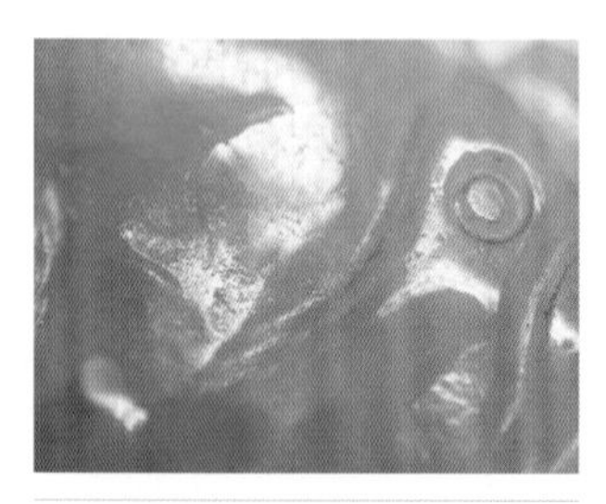

B货翡翠的“酸蚀纹”。经过酸洗漂白充填后，翡翠的内部结构被破坏，翡翠中凸起与凹陷之间不是平滑过渡，而是有一裂隙隔开，犹如蜘蛛网状的裂隙纹路，称之为“酸蚀纹”

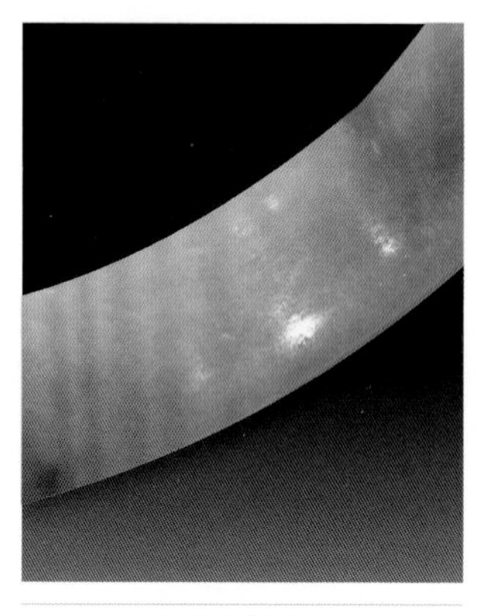

翡翠的抛光痕

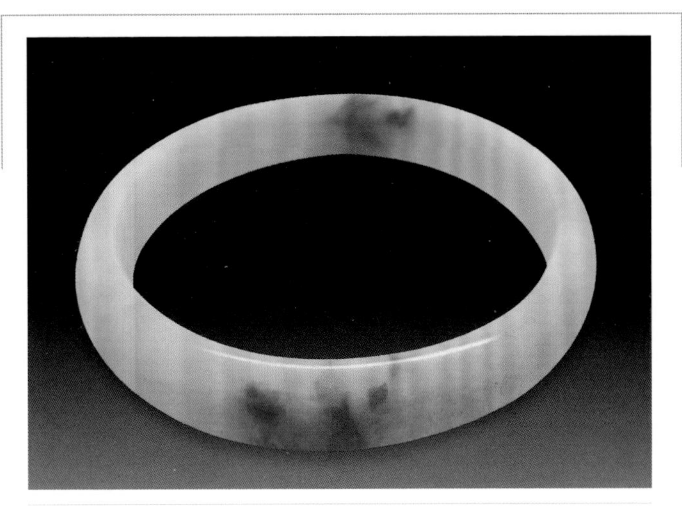

A 货翡翠的橘皮效应。“橘皮效应”指的是翡翠在抛光平面上，通过反光观察，会出现类似于橘子皮的一个个大小和方向不同的凸起与凹陷的特征

位。翡翠手镯应通过内圈部位来观察“苍蝇翅”。

“橘皮效应”是翡翠的另一个特性。“橘皮效应”指的是翡翠在抛光平面上，通过反光观察，会出现类似于橘子皮的一个个大小和方向不同的凸起与凹陷的特征。有些翡翠读物认为橘皮效应是经过人工处理的 B 货翡翠的特性是不正确的。事实上，“橘皮效应”只有在天然 A 货翡翠中才表现得比较突出，并且凸起与凹陷之间的界线为逐渐平滑过渡，而 B 货翡翠中凸起与凹陷之间不是平滑过渡，而是有一裂隙隔开，犹如蜘蛛网状的裂隙纹路，称之为“酸蚀纹”，这与“橘皮效应”有着明显不同。

翡翠的相对密度为 3.30 ~ 3.36，在二碘甲烷中下沉；其光泽为清润清亮的玻璃光泽或油脂光泽；优质品接近透明，一般品为半透明或不透明；断口为参差状，比表面暗些。在矿物学上，翡翠属于辉石类；从岩石学角度来看，翡翠是一种岩石，它是由硬玉、绿辉石为主要矿物成分的辉石族矿物组成的矿物集合体，是一种硬玉岩或绿辉石岩。在商业中，翡翠是指具有工艺价值和商业价值，达到宝石级硬玉和绿辉石的总称。

翡翠的主要特征

化学成分	$NaAlSi_2O_6$　$Na(Al、Fe、Cr)Si_2O_6$　钠铝硅酸盐
矿　　物	辉石类
晶　　系	单斜晶系　晶质集合体
产　　出	是变质岩并以砾石形式产出于冲积层中；或产于原地，呈冲积的卵石和砾石
晶　　形	粒状、短柱状至纤维状
解　　理	两组完全解理，解理交角近 90°（87°）
结　　构	隐晶质、多晶质集合体，粒状、短柱状、纤维状镶嵌结构
颜　　色	原生色：白色、灰色、各种绿色、紫色、黑色等 次生色：黄色、红色、褐色等
光　　泽	玻璃光泽至油脂光泽
透 明 度	半透明至不透明、透明（很少见）
硬　　度	摩氏硬度 7 左右，不同的晶体有稍微的方向性差别
相对密度	3.25 ～ 3.40，平均 3.33
承 压 性	7.1×10.8
折 射 率	1.66 ～ 1.68
熔　　点	900 ～ 1 000℃
吸收光谱	蓝／紫区的一条强线，可伴有蓝区的弱带；祖母绿绿色的翡翠是由铬致色的，有典型的 437 纳米的铬吸收谱，在红区有双线，有时蓝区有一条线
紫外荧光	无

翡翠B货由于强酸浸泡腐蚀，产生从表面到里边、由大到小的裂纹，被环氧树脂充填后在45°角反射光下能看到这些沟槽，比橘皮效应大而深，行内称为“沟槽现象”。天然A货翡翠的橘皮效应表现得更为突出，并且凸起与凹陷之间的界线为逐渐平滑的过渡。

B货翡翠表面凹凸不平的沟槽现象（又称“渠沟纹”）

（二）翡翠的成因

翡翠的成因很复杂。民间有很多神奇的传说，学术界对于翡翠的成因也众说纷纭，目前为止还没有达成共识。翡翠的成因归纳起来大致有岩浆说、变质说和热液交代说三种观点，但是当理论与实际的翡翠矿联系在一起时，各种理论都或多或少存在矛盾的地方。因此，翡翠的成因也为翡翠增添了一丝神秘的色彩。

老坑种阳绿翡翠葫芦戒指，正阳绿，满色，玻璃种，无瑕

曾有人认为翡翠与钻石一样，都是在地壳深处摄氏几千度高温、高压条件下结晶形成的。但实验证明并非如此，美国不少地球物理学家在实验室做了大量的仿真实验，再结合世界各地发现翡翠矿床

的实际情况，他们认为，翡翠并不是在高温情况下形成的，而是在中低温和极高压力下变质形成的。

众所周知，地球深处炽热的岩浆是十分复杂的硅酸盐熔融体，它随着地质作用不断上升和回落。当温度低于 1 000℃时，岩浆凝结，成为不同成分的各种岩石。不同成分的岩石有着不同的结构，其中，可能形成翡翠的只有两种：一种是花岗岩，一种是闪长岩。这两种岩石含有石英、长石、云母、角闪石、辉石和橄榄石等。这些石种在高温低压条件下，不断地分解变质，最后某些部分组合为硬玉。日本东北大学砂川一郎教授在《话说宝石》（1983 年出版）一书中指出，翡翠是在一万个大气压和比较低的温度（200 ~ 300℃）下形成的，但模拟试验显示，其形成最低温度为 800℃，最低压力为 10^9 Pa（约一万大气压）。我们知道地球由地表到深部，越往深处温度越高，压力也越大。翡翠既然是在低温高压条件下结晶形成的，当然不可能处于较深部位，那么高压究竟从何而来呢？已有证据表明，这种高压是由于地壳运动引起的挤压力所形成的，凡是有翡翠矿床分布的区域，均是地壳运动较强烈的地带。

缅甸翡翠矿场

空中鸟瞰缅甸翡翠开采主要矿区

在日本、危地马拉的孟塔那河、俄罗斯、墨西哥、美国加利福尼亚州等地都产有翡翠，但从质量与产量来讲，则远远不如缅甸翡翠。从缅甸翡翠成矿的地质环境看，那里是印度板块与欧亚大陆的结合部，随着青藏高原的隆起，形成了独特的横断褶皱地区。这里有始新世侵入的超基性岩体，丘陵和冲积平原，广泛分布着风化了的蛇纹岩、橄榄岩、蓝闪石片岩和阳起石片岩，是典型的超高压变质相区域，具备了形成翡翠的多种有利条

缅甸上等翡翠玉料

件。据有关资料报道，缅甸年产翡翠矿石（原生矿和砂矿）300 ~ 500 吨。市场上流通的商业级翡翠基本都出产于此。因此人们也将翡翠叫作缅甸玉，硬玉是矿物名，而缅甸玉则是业内的行话。

（三）翡翠的种水

“种”是判断翡翠优劣的重要因素，指的是翡翠的质地，也是对一件翡翠最基本的描述。常言道“千种玛瑙万种翠”，这里所说的不是有上万种不同的翡翠，而是指翡翠“种”的万千变化。市场上常见的种有如下几个类型。

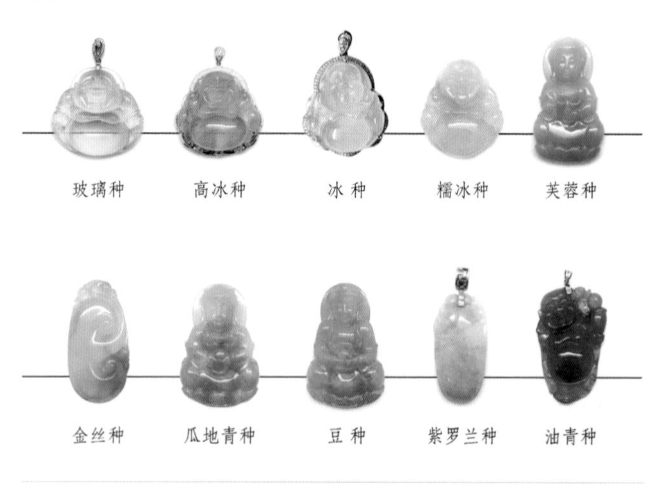

翡翠常见种水比对图

1. 玻璃种

玻璃种，给人的直观感觉就是质地细腻、净度高，晶莹剔透得如同玻璃一般。玻璃种的矿物结晶颗粒呈显微细粒状，粒度均匀一致，结构紧密，晶粒最小的平均粒径可小于 0.01 毫米，因此肉眼观察看不到晶粒。玉料质地纯净无杂质，无裂绺棉纹，敲击玉体时发出金属

质地细腻的玻璃种佛，起莹光，剔透无瑕，浑然天成

的清脆声。玉料呈玻璃光泽，莹润明亮，透明度达到50%以上。通常玻璃种出自老坑，因此常称其为“老坑玻璃种”，起莹光。

玻璃种翡翠大叶子，造型饱满，晶莹剔透

带有颜色的玻璃种，如果颜色纯正，则是极其难得的藏品，其价格也可用天价来形容了。此外，没有任何颜色的玻璃种，称为“白玻璃”，能给人一种冰清玉洁的感觉，很多信佛教的消费者钟情于白玻璃种的观音和佛。

2. 冰种

冰种比玻璃种稍次一个等级，质地也非常透明，给人的感觉如同冰块一样。冰种的矿物结晶颗粒呈微细粒状，粒度均匀一致，肉眼可以看到颗粒，玉料质地纯净无杂质，没有或者具有少量裂绺、棉纹，敲击玉体时也可发出金属的脆声，玻璃光泽，透明度达到40%以上。

冰种翡翠中质量最好、透明度最高的常被称为“高冰种”或“近玻种”。

有些玻璃种和冰种翡翠表面上有很强的光泽，称之为“起莹”“莹光”。

老坑冰种翡翠观音，起莹光，佛像端庄慈祥

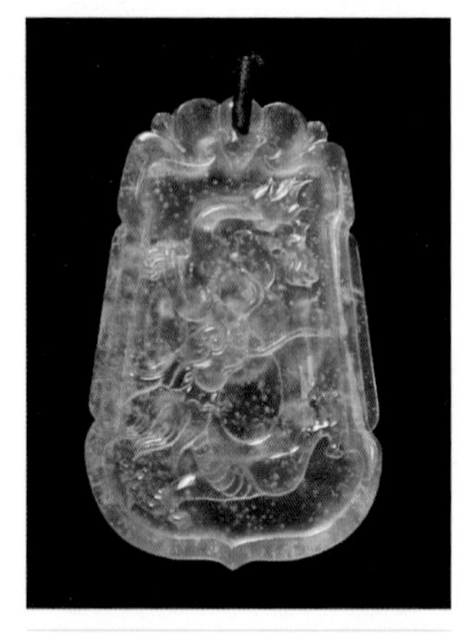

高冰种龙牌，起莹光，典型的木那场口料子，带有点状棉

3. 糯化种

糯化种是次于玻璃种和冰种的种分，其透明度比冰种略低，颗粒细腻均匀，玻璃光泽或油脂光泽，给人的感觉就像是糯米汤一样，透明度30%。

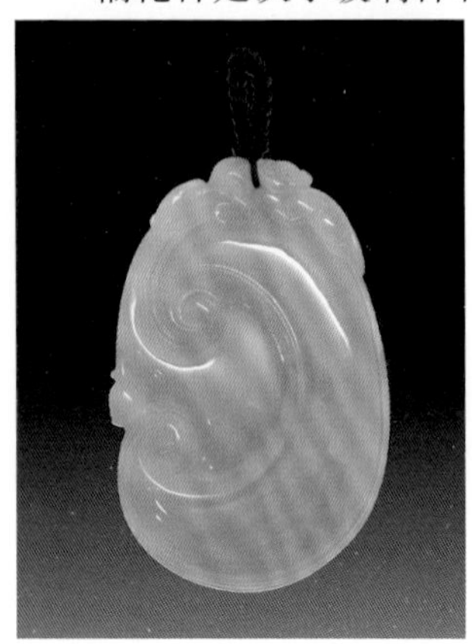

糯冰种翡翠挂坠，獾猴趴在如意上，寓意“欢喜如意”

糯化种又细分为糯冰种和糯米种。糯冰种比冰种混浊些，也有人将其归类于冰种。糯米种的透明度更低一些，而且在翡翠内部常会分布大量细小的杂质组分，感觉更浑浊些。

“莹光”和“荧光”是不同的概念。“莹光”是指由于玻璃种和冰种翡翠的刚性强，具有明亮的玻璃光泽，因此看起来有晶莹剔透的感觉；“荧光”指的是在紫外荧光灯下，翡翠受外界能量的激发而发出的荧光，但是天然的没有经过任何人工处理的翡翠，即俗称的A货翡翠是没有荧光的。

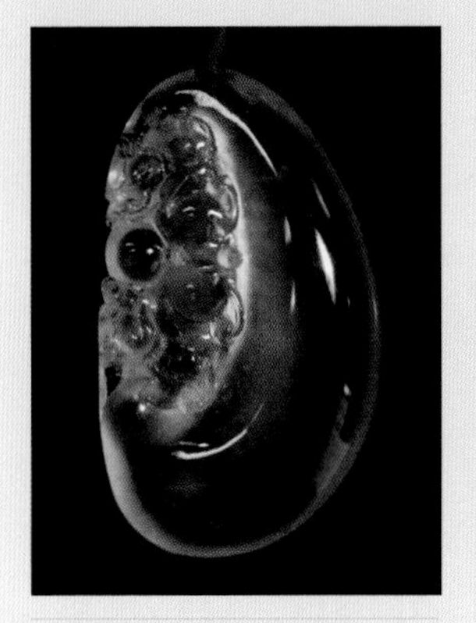

玻璃种起莹光翡翠福瓜

玻璃种起莹光耳钉，晶莹剔透，仿佛黑暗中的两颗夜明珠

4. 干青种

干青种翡翠的颜色通常浓绿悦目，色纯正不邪，矿物结晶颗粒呈微细柱状、纤维状，颗粒往往较大，其颗粒形状肉眼就可以辨别。干青种翡翠突出的缺点是透明度差，阳光照射不进，灯光约能照进表面1毫米，质地粗且

干青种翡翠，吉祥如意牌

花青种翡翠戒指

底干，敲击玉体的声音为石声。

5. 花青种

花青种翡翠的特点是颜色分布极不规则，底色通常为绿色或无色。绿色形状有丝、脉、团块状及不规则状。花青种的透明度差，不透明至微透明，结晶颗粒较粗糙，用肉眼即能辨别出其矿物晶粒的形状。敲击玉体的声音沉闷，发出似敲击石头的声音。

6. 白地青种

白地青种是缅甸翡翠中分布较广泛的一种，其特征是质地较细，底色一般较白，绿色较鲜艳，成团、成块、成片、成岛屿状，绿白分明，但绿色没有与底融合，仅仅是

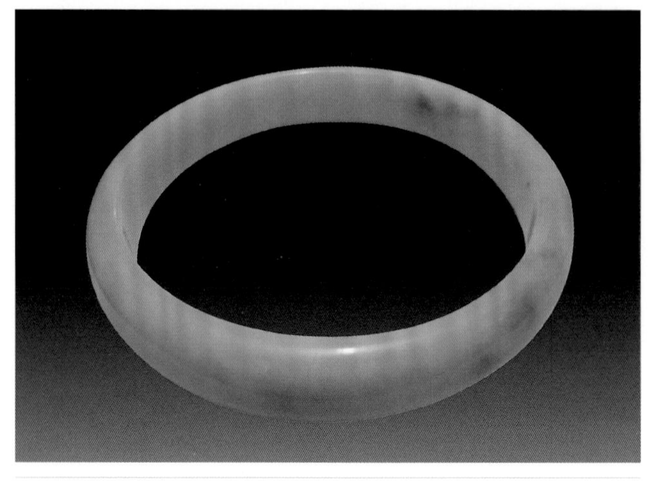

白地青种翡翠手镯

漂浮在白色底上。玉体呈不透明，部分微透明。肉眼尚能辨认晶体轮廓，敲击玉体时声音略带金属的清脆声。

7. 油青种

油青种翡翠颜色较青暗不纯，不够鲜艳，常渗有灰色或蓝色；玉体有油浸感，表面呈油脂光泽，透明度较高，质地细腻，肉眼很难辨出其矿物组分颗粒，敲击玉体发出金属的清脆声。由于油青种的翡翠颜色通常较深，给人以沉闷的感觉，因此通常不被年轻人所喜爱，相对而言更加适合中老年人。

油青种翡翠三角金蟾

8. 芙蓉种

芙蓉种翡翠的颜色一般为淡绿色，绿得较纯正，不带黄色调，通体色泽均匀一致，给人比较清澈的感觉。它的质地比豆种细，结构略有颗粒感，但肉眼看不到颗粒的界限。通常呈透明至半透明，质地细腻润泽。敲击

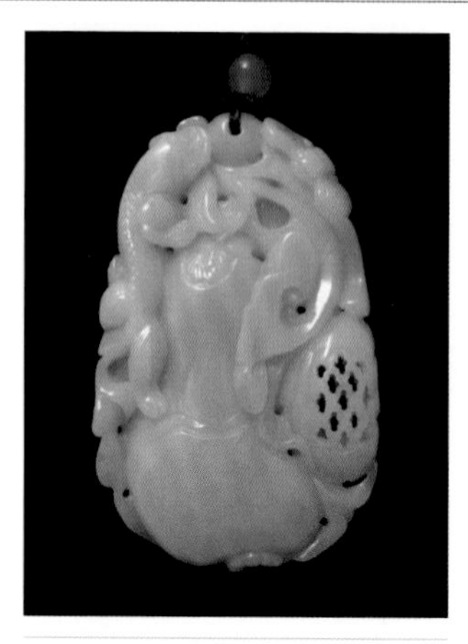

芙蓉种翡翠福禄寿喜挂坠

芙蓉种翡翠吊坠

玉体发出金属的清脆声。此外，如果其中有深绿色的脉络就叫“芙蓉起青根”，如果其中分布有不规则较深的绿色时则叫做“花青芙蓉种”。

9. 豆种

豆种翡翠通常呈绿色或青色，晶体较粗呈短柱状，

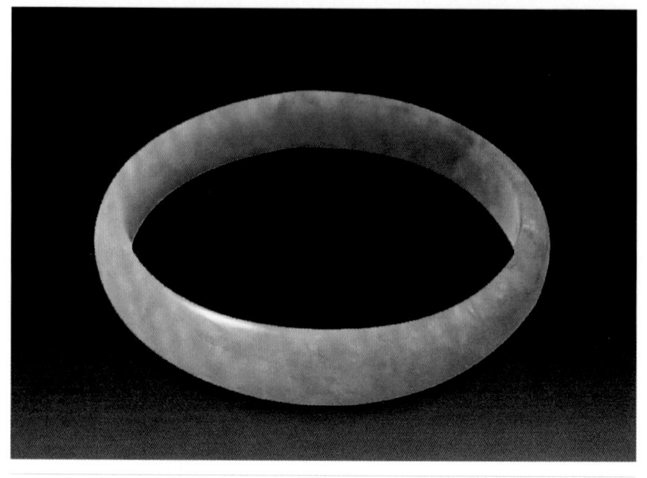

豆种翡翠手镯，底子较为粗糙，为中低档产品

肉眼可以辨别其晶体形状，质地粗疏，看起来像一粒粒的绿豆，故名。这种翡翠透明度往往很差，也是普通常见的种，通常用来做中低档的产品，价格不高。

10. 金丝种

金丝种翡翠通常为鲜艳的翠绿色，其色呈丝状分布，且相互平行排列，可以清晰地看到绿色是沿一定方向间断出现的。丝又细分为顺丝（丝定向、平行）、乱丝（丝杂乱）、片丝（丝片平行）、黑丝（翠绿中有黑色纹伴生）。其玉体呈透明至半透明，质地细润，裂绺棉纹较少。矿物结晶颗粒稍粗，呈柱状或粒状，肉眼可以辨别其晶体轮廓；敲击玉体发出金属的清脆声。金丝种翡翠的价格取决于绿色条带的色泽和所占的比例多少，以及质地粗细的情况。

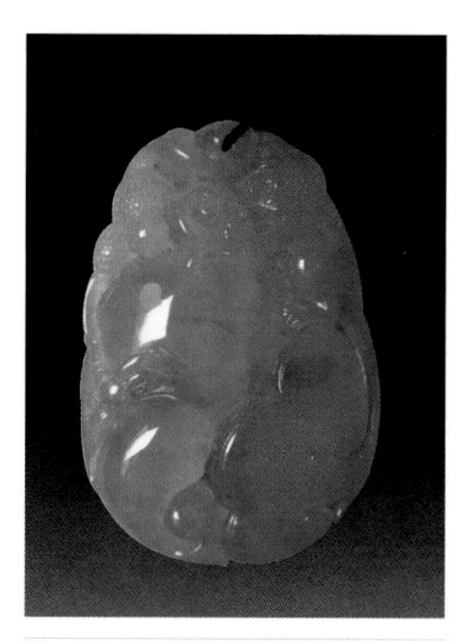

金丝种飘阳绿翡翠挂件

11. 马牙种

马牙种翡翠大部分为绿色，色调单一，有时混有浅绿、褐色等颜色。有色无种，仔细看能发现绿色当中有很细的一丝丝的白条。其质地虽然比较细腻，但是不透明，好像瓷器一样；矿物结晶颗粒较粗，肉眼能够辨认其晶体轮廓。敲击玉体发出沉闷的石声。常用来加工低档饰品。

紫罗兰种葫芦吊坠

12. 紫罗兰种

紫罗兰种翡翠是一种紫色的翡翠，紫色一般都很淡，好像紫罗兰花的紫色，因此得名，行内将其称为“春”。此种翡翠是个特殊的品种，紫色是西方王权的颜色，象征着尊贵。而在东方则带有一丝神秘色彩，所谓“老子出关，紫气东来”，紫色象征着吉祥和华贵。紫色的翡翠按照色调的不同，通常可分为粉紫、茄紫、蓝紫。粉紫质地比较细，透明度好一些的比较难得，茄紫较次，蓝紫一般质地较粗，常称为“紫豆”。行内有句话：“十紫九豆”，紫罗兰种翡翠颜色艳丽，其中质地细腻、透明度高的翡翠很稀有、很珍贵。

（四）翡翠的颜色

翡翠的颜色丰富多彩，有绿色、红色、紫色、蓝色、黄色、白色、黑色等。在同等种的情况下，带有绿色的翡翠更为珍贵。如果同一件翡翠带有三种以上颜色则更为难得。

1. 无色翡翠

也就是无色透明的翡翠，此种翡翠成分单一，是由很纯的 $NaAlSi_2O_6$ 组成，而且矿物颗粒细腻，结构紧密，矿物颗粒光性趋于一致，透明度好，如无色老种玻璃地翡翠。因为没有颜色，所以无色翡翠的质量主要取决于其质地和水头。

2. 白色翡翠

无色玻璃种福豆挂件，料子饱满起莹光，玲珑剔透

白色翡翠组成的成分单一，由 $NaAlSi_2O_6$ 组成，但结构松散，硬玉矿物颗粒之间有一定的空隙，残留空气或其他物质，降低了透明度，使得硬玉岩不透明，显白色。白色可分为瓷白、乳白、雪白、羊脂白、灰白等。常见的白色翡翠略带灰、绿或黄的白色。此类翡翠在翡翠原料中占有很大比重，主要作为雕件材料。

有一小部分白色翡翠透明度高，质地细腻，其白色主要由内部大量细小的白色棉絮状包裹体组成，也属于翡翠中的上品。

白色糯冰种喜上枝头牌

绿色冰种福瓜吊坠

3. 绿色翡翠

绿色是翡翠的命脉，是翡翠中最高贵、最有价值的颜色，即“翠”色。传统上有“浓”“正”“阳”“和”之说。“浓”指绿色饱满、浓重，“正”指绿色纯正、不含杂色，“阳”指绿色艳丽、明亮，“和”指绿色均匀、柔和。绿色分为浅绿、绿、翠绿、深绿和墨绿。其中以翠绿色为最佳。大多数绿色翡翠或多或少地含有杂色，呈黄绿、灰绿、蓝绿等色。如果黄绿色中黄色调很浅，成为黄阳绿，仍不失翡翠的艳丽，而灰绿及蓝绿则影响翡翠颜色的品质。

翡翠的绿色是由铬、铁、钛等微量元素引起的。最主要的是由于铬(Cr^{3+})离子替代了硬玉矿物中的铝离子(Al^{3+})的结果。铬离子含量越高绿色越深。铬离子含量达到极限就形成钠铬辉石($NaCrSi_2O_6$)矿物，也就是不透明艳绿色的干青种翡翠。

当硬玉分子中含万分之几的铬离子时，呈阳绿色；当含千分之几的铬离子时，呈诱人的翠绿色；当含近1%的铬离子时，呈暗绿色；当铬离子超过12.1%时，则呈不透明的黑绿色，即钠铬辉石翡翠。

为了满足商业化的需求，翡翠的绿色被进一步地细分。

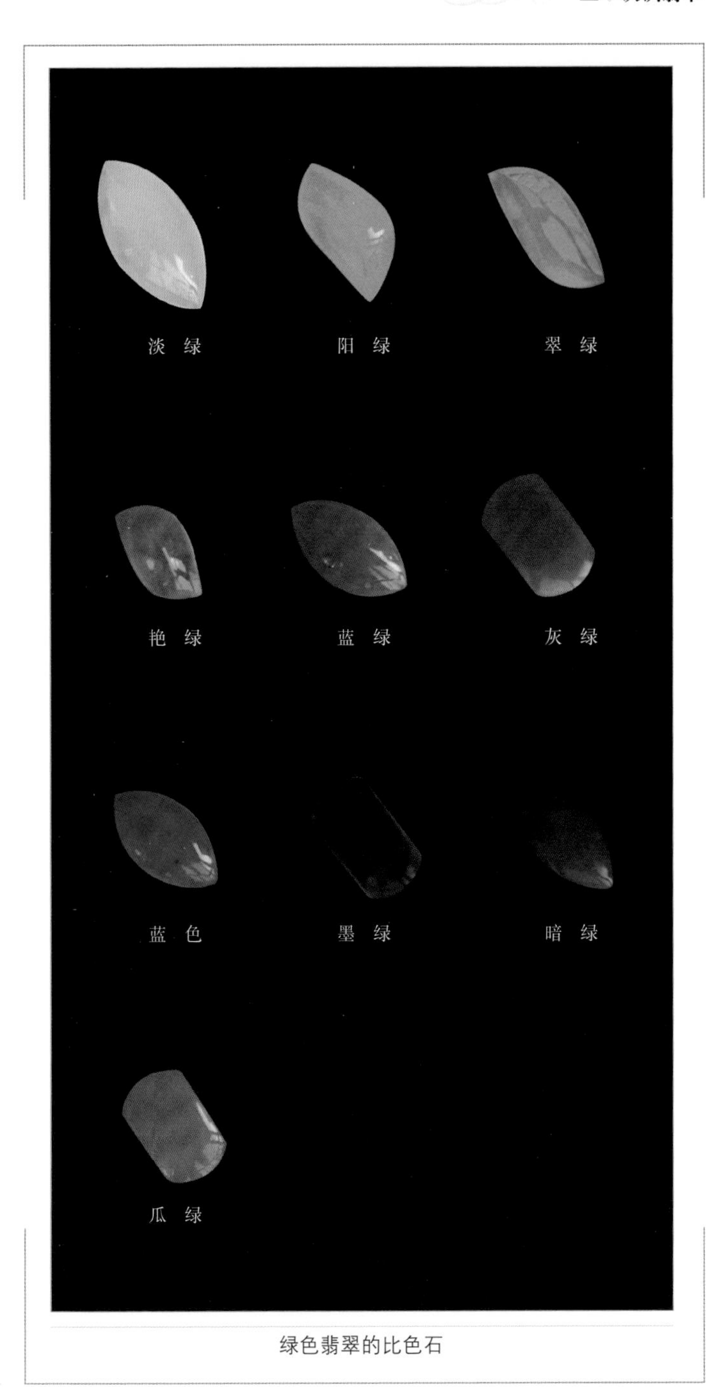

绿色翡翠的比色石

绿色翡翠的分类

颜色分类	颜 色 说 明	收藏品级
满绿	绿色鲜艳、均匀，质地通透，是种与色的完美结合	极品
翠绿	绿色鲜艳、纯正、饱和度高，不含任何偏色，分布均匀，质地细腻，绿色好似祖母绿宝石，也有称“祖母绿”	极品
艳绿	绿色浓艳、纯净，在白光下观察，色调均匀，半透明至透明	极品
黄阳绿	绿色鲜艳，略带微黄，色如初春黄阳树的嫩叶。颜色均匀且饱和度高	上品
苹果绿	颜色浓绿中略带黄色调，几乎看不出来，像新鲜绿苹果的颜色，也称“秧苗绿”，其饱和度略逊于翠绿和艳绿	上品
鹦哥绿	色如鹦鹉的绿色羽毛一样鲜艳，绿色艳丽，但常有黄绿色调或蓝色调，微透明或不透明	上品

翡翠耳钉，戒面为玻璃种阳绿，绿色满足“浓、阳、正、匀、俏”五大收藏条件，完美无瑕，为收藏上品

续表

颜色分类	颜色说明	收藏品级
葱心绿	微透明至半透明，色如娇嫩的葱心，绿色娇艳，但略有黄色调	上品
浅阳绿	浅黄绿色，色比黄阳树嫩叶浅	中档
豆青绿	绿如豆色，此品种较多，有“十绿九豆”之说；玉质稍粗，微透明	中档
蓝水绿	绿色带蓝色调，如清澈湖水的颜色；半透明至透明，玉质细腻	高档
菠菜绿	半透明，绿色暗如菠菜叶子，绿色带蓝灰色调，与艳绿的差别大	中低档
瓜皮绿	不透明至半透明，色如绿色瓜皮，绿色中略带青色调，色不纯正，也不均匀	中档
丝瓜绿	色如丝瓜皮绿色，绿色常见丝缕状，不均匀	中档
干青绿	绿色鲜艳，带青色调，颜色不均匀，质地不透明	中档
蓝绿	绿色偏暗，蓝色调明显	中低档
墨绿	色浓，黑中透绿，有时呈暗黑色，一般为不透明至半透明；质地纯净者为翡翠中的佳品，如墨翠	高档至中档都有
油青绿	透明度较好，绿色较暗不纯正，如油浸般不鲜明，带蓝灰色调	中低档
蛤蟆绿	不透明至半透明，绿色带蓝色或灰黑色调，可见瘤状色斑，颜色不均匀，也称“蛙绿”	中低档
江水绿	绿色闷暗，较均匀，且有混浊感	中低档
灰绿	透明度差，绿色带灰，以灰色调为主，虽有绿色，但色不正	低档

通常，豆种与玻璃种翡翠价格相差约10倍，而淡绿色与艳绿色翡翠价格相差3～4倍。

4. 紫色翡翠

紫色在欧洲国家象征皇家色，皇帝的袍称为“紫袍”；

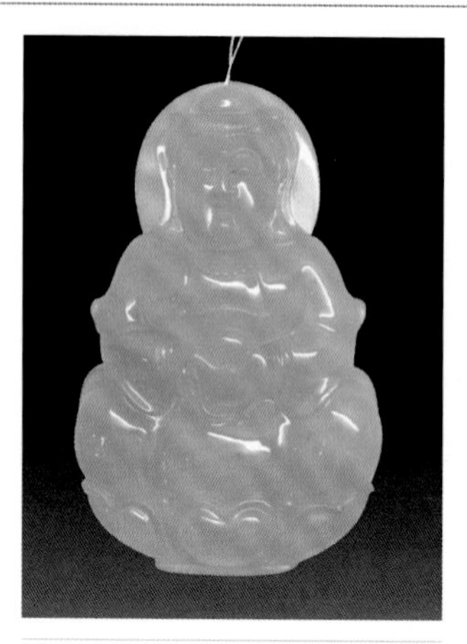

淡紫色冰种翡翠观音

紫色也是一些国家的贵族色，在某些国家平民百姓是不能用紫色的。在中国古代，紫色也代表帝王色，从紫禁城到老子出关所带来的紫气东来，都代表着紫色的优雅高贵和所蕴含的神圣和祥瑞。

紫色翡翠也称“紫翠”“春色”。紫罗兰色按其深浅变化可有浅紫、粉紫、红紫、茄紫、蓝紫甚至近乎蓝色。传统观点认为紫色翡翠是由微量元素锰致色，也有人认为是由二价铁和三价铁离子跃迁而致色，或与钾离子的存在有关。

在市场上流通的大部分紫色翡翠，其质地大多较为

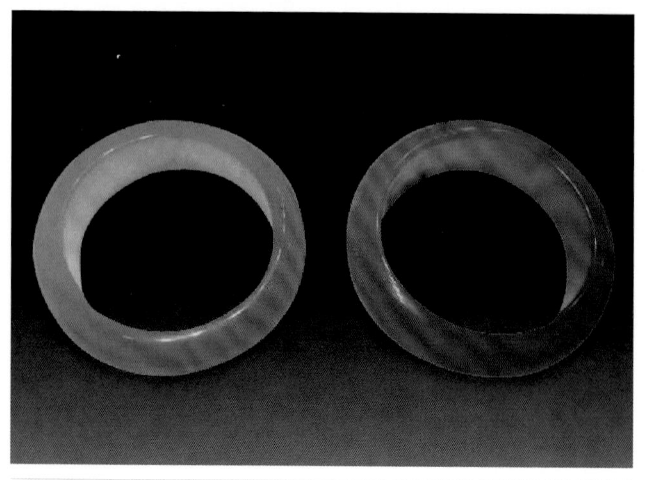

紫色冰种手镯，料厚材足，因为紫罗兰大多为“十紫九豆”，故种水好的一料难求；此料为高种，实为不可多得的收藏级翡翠；左边为粉紫色，右边为红紫色

质地细腻的蓝紫色翡翠手镯

粗糙，有“十紫九豆”之说。很多紫色翡翠上有大量的白色絮状物，杂乱无章地分布，行内称此现象为“吃粉”。此类翡翠大多用于工艺品雕件。当然，也有部分水头好、质地细腻的优质紫色翡翠，其价格一点也不输于绿色翡翠。市场上根据翡翠的紫色深浅及饱和度，将其分为：皇家紫、红紫、蓝紫、紫罗兰和粉紫。皇家紫浓艳高雅，红紫秀外艳中，蓝紫庄重富丽，紫罗兰美艳脱俗，粉紫则清淡秀美，各有特色。从翡翠市场的实践结果表明：红紫价格较高，蓝紫略低；如果是配合翡翠质地综合考虑，相对而言，红紫与粉紫种更好些，收藏价值也就更高些。

5. 黄色翡翠与红色翡翠

黄色和红色是次生颜色，也称为“翡色”。翡色是翠色的相对应颜色，是翡翠中最常见的颜色之一。其形成原因是白色、紫色或绿色翡翠形成后，由于某些原

冰种红翡方牌

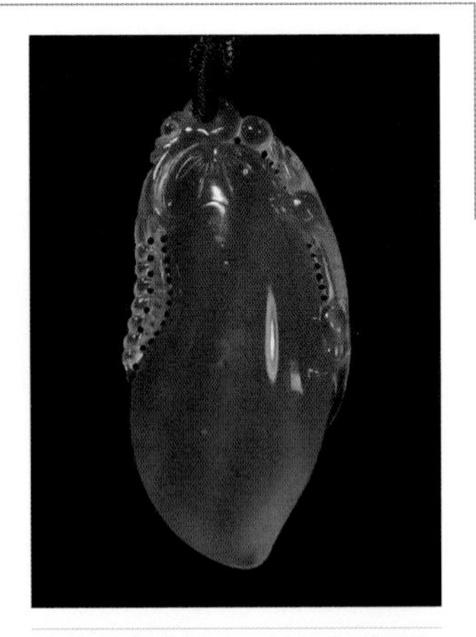

高冰种黄翡福瓜，料子饱满圆润

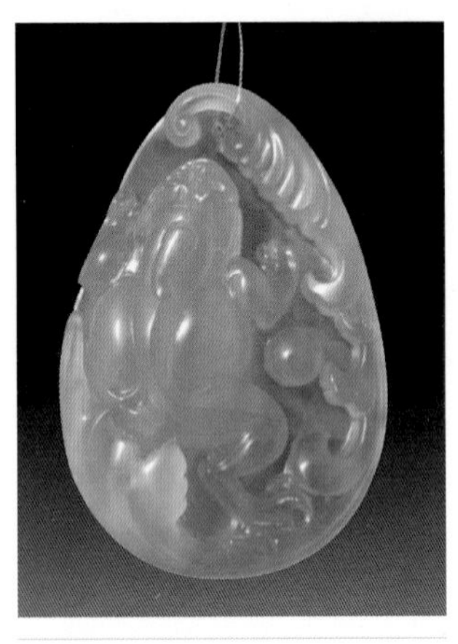

高冰种黄翡三脚金蟾挂件

因使其暴露于地表遭受风化，使二价铁变为三价铁而形成赤铁矿或褐铁矿，并沿翡翠颗粒之间的纤维缝隙慢慢渗入形成。

红色翡翠通常呈褐红色，一般种水较好，是翡翠饰品中比较罕见的一种颜色。按质量高低分为血红色、大红色、橙红色、粉红色和淡红色，其中纯红色是十分罕见的。

黄色翡翠通常是带黄色色调的翡翠。由于大多数黄色翡翠的形成都与翡翠受到的后期改造作用相关，所以黄色常呈花斑状、网脉状分布。一般质地较为疏松，透明度不高。按颜色深浅可分为：浅黄色、深黄色、橙黄色和金黄色。这些颜色在市场上较为常见。而黄翡颜色最黄的可呈栗子黄、鸡油黄和柠檬黄三种，如果种水较好，这三种翡翠均为收藏价值较高的翡翠。

6．蓝色翡翠

天然翡翠中没有纯正的蓝色，一般所指的蓝色翡翠往往偏绿或偏紫，还有的偏灰。蓝色翡翠在饰品及工艺

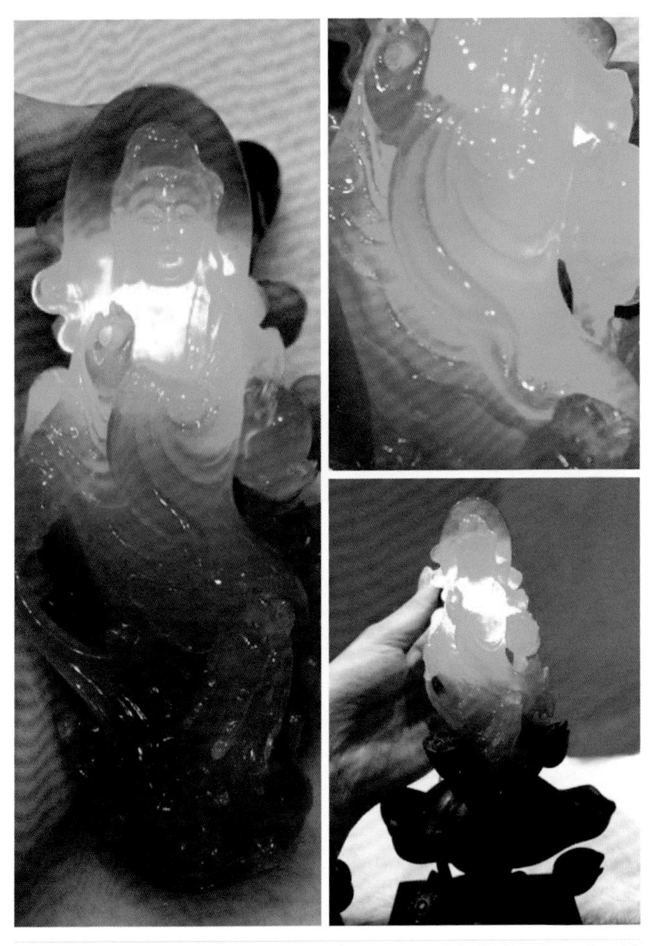

老坑种蓝色翡翠观音摆件，底子细腻温润，观音慈祥柔和，雕工精湛细致，是不可多得的高档翡翠摆件收藏品

品雕件中出现的概率较低，行内称为“怪桩”。蓝色翡翠一般分为蓝绿、蓝紫和灰蓝三种。蓝绿，指的是绿色为主，带蓝色调的翡翠；蓝紫，指紫色翡翠带蓝色调；灰蓝，指灰色中有不纯的蓝色，且以灰色调为主，不纯正的灰蓝色翡翠是质量较次的翡翠。

墨翠观音，在强光下可见细腻的质地和翠绿色

7. 黑色翡翠

黑色翡翠在翡翠饰品和工艺品雕件中占有非常特殊的地位。它是体现雕刻手法和考验雕工技艺的一种翡翠。

行话说：“绿随黑走，黑伴绿生。”说明翡翠中的绿与黑有着十分密切的关系。翡翠的黑色外表成因分为两类：一类是由于铬、铁含量高造成的，强光照射呈绿色，也称为“墨翠”；此种翡翠的折射率和相对密度比一般翡翠高，折射率为 1.67 ~ 1.68，相对密度为 3.4 左右；另一种呈深灰至灰黑色的翡翠，是由于含有暗色矿物杂质造成的，看上去很脏，是较低档的翡翠。

在此咱们重点谈谈墨翠，墨翠从表面看是黑色的，但在强光下显示出来的则是绿色。优质的墨翠，其颜色更黑、更浓重，但在强光的照射下，质地细腻、纹理细致。一般而言，墨翠的质地越细腻其价格越高，在强光下如一汪碧绿潭水的质地最优、收藏价值也最高。但市场上大部分是种比较差的墨翠，强光照射下，质地粗糙，有些明显可见闪光的“苍蝇翅”。此种墨翠的价格只能靠精细的雕工来提升了。

选购墨翠主要考虑两个方面：一是原材料质地的优劣，二是雕刻工艺的好坏。墨翠的雕刻图案通常是以传统的中国吉祥题材为主，市场最常见的有：“钟馗增福”“天中辟邪”“松鹤延年”“马上封侯”“马上如意”“三阳开泰”“观音菩萨”和“麒麟送子”等，大多都是些能充分施展雕刻精细工艺的图案。

8．组合色——多色翡翠

翡翠颜色的丰富多彩是其他宝石不能比拟的，不仅因为翡翠的颜色包含了所有的光谱色，另一个重要的原因在于翡翠存在组合色，即在同一块翡翠上也可以出现不同的颜色。

在中国几百年的翡翠使用历程中，人们将翡翠的红、绿、紫、白、黄色分别寓为福、禄、寿、喜、财，寄托了丰富的思想情感，表达了人们对于美好生活的追求与向往，同时也表明作为“五福”载体的翡翠在人们心中沉甸甸的地位。

另外，对于翡翠的一些颜色组合，珠宝界也赋予了一些特定的名称。

福禄寿，指同一块翡翠上出现红色、绿色、紫色三

三彩翡翠鹰雕件，不仅寓意“长宇鹰飞”，也代表人们对美好生活的向往

种颜色（行家也称之为“三彩”）。中国从古到今，有“福无双至，祸不单行”的古语，认为好事能成双已经相当不容易了，如果能同时得到福、禄、寿三大乐事就一定是人间最快乐、最幸福的事情。所以“福禄寿”翡翠也代表了人们对于生活的最高期望。

春带彩，“春”指紫红色的翡翠，紫色翡翠也称紫罗兰；“彩”代表纯正绿色；春带彩是指一块翡翠上或一件翡翠饰品上有紫有绿。目前春带彩的翡翠料已十分稀少。在 1991 ~ 1992 年出产的高等级凯苏原料上，见有紫、有绿且水分好的料，但半年就被挖完了。好的春带彩翡翠价格很高。如果种水好，春色与彩色两色之间对比度高且颜色鲜艳明快的话，其收藏价值也就越高。

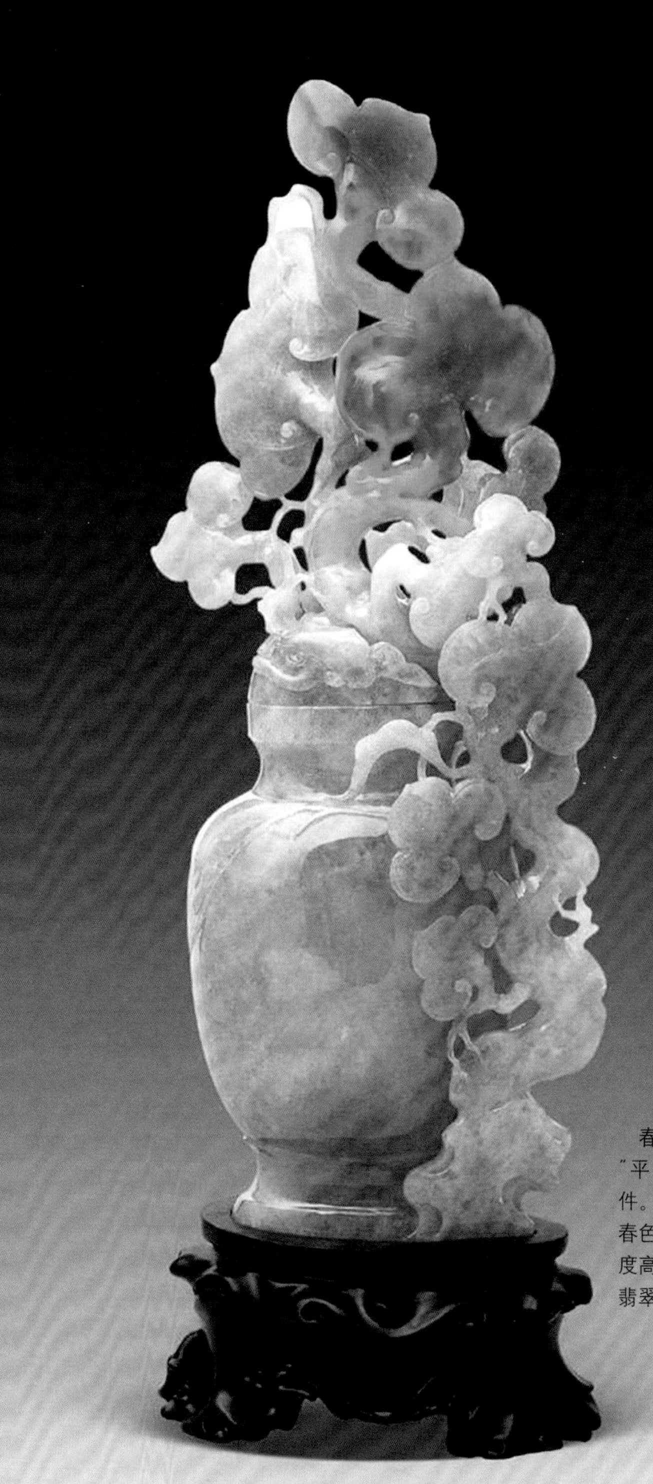

春带彩翡翠“平安如意”摆件。颜色艳丽，春色与彩色对比度高，是难得的翡翠收藏上品

三彩翡翠“三阳开泰”摆件，雕工精湛，寓意吉祥

福禄寿喜，指同一块翡翠上出现黄色、绿色、紫色和白色四色，是多色翡翠品种中颜色最为丰富的一种。这种翡翠在市面上很少见，收藏价值非常高。

五彩玉，也叫五福临门。中国传统中“五福”指的是：福、禄、寿、喜、财。而“五彩玉”是指在同一块翡翠原料上或在翡翠饰品上有四种以上颜色，如红、绿、紫、黄、白等，这是非常难得罕见的品种，在市场上也很难看见。其收藏价值极高。在评价五彩玉时，除其他条件外，主要看绿色的多少及种水的好坏。若绿占大比例且种水好，则此种五彩翡翠的价格就非常昂贵，且十分难求，具有绝对的投资收藏价值。

我国珠宝界将翡翠五种最漂亮的颜色与中国传统的五福联系在一起：红色代表福气，即“福”；绿色代表钱财，即“禄”；白色代表长寿，即“寿”；黄色代表财富，即“财”；紫色代表喜庆，即“喜”。

对于玉石爱好者而言，每个人对不同颜色的翡翠也有着自己的偏爱，除了绿色，也有人独爱红翡和紫罗兰，很多男士则钟情于墨翠，觉得墨翠更能体现出阳刚和大气。不同年龄的人对翡翠颜色的喜好也各不相同，年轻人喜欢颜色淡一些的和无色、种水好的翡翠，大有冰清玉洁之感；而 50 岁以上的人大多喜欢颜色深一些、浓一些的，更能体现出深沉的韵味。

黄加绿翡翠五鼠运财小摆件，寓意财运到，金钱滚滚来

不同颜色翡翠收藏等级（以正色为主）

颜　色	称　谓	收藏等级
红色、绿色	红翡、绿翠	高级
紫色、绿色	春带彩	较高
绿色、紫色、红色（或黄色）	福禄寿	很高
绿色、紫色、红色、白色	福禄寿喜	非常高
红色、绿色、紫色、黄色、白色	五福临门（五彩玉）	极品

（五）翡翠的分类

翡翠可按颜色、透明度和结构、坑口、雕刻造型进行分类。

根据翡翠的颜色可分为无色翡翠、绿色翡翠、紫色翡翠、红－黄色翡翠。

根据翡翠的透明度和结构致密程度，可将翡翠分为玻璃种、冰种、糯化种、干青种、花青种、白地青种、芙蓉种、豆种、金丝种和马牙种。

根据翡翠的坑口开采时间的久远，可将其分为老坑翡翠、新老坑翡翠和新坑翡翠。

根据翡翠的雕刻造型，可将其分为翡翠挂件、翡翠蛋面、翡翠手镯、翡翠珠串、翡翠扳指、翡翠摆件、翡翠山子和翡翠镶嵌饰品。

由于翡翠的颜色、种水、雕工在其他章节已有详细的讲解，此节重点介绍翡翠的其他几个分类。

1. 按翡翠质地分类

翡翠按质地可划分为：老坑翡翠（老种）、新老坑翡翠（新老种）和新坑翡翠（新种）。

究竟是收藏“新”翡翠好，还是收藏“老”翡翠佳，是很多翡翠爱好者没有搞清楚的问题。在实际收藏中，有很多收藏者认为“老”翡翠更有收藏价值，“新”翡翠没有什么升值空间。这就造成一种“非老不收”的误区，这是由于很多人没有正确理解“新”“老”翡翠的概念造成的。

很多商家在给消费者介绍的时候都会说：“这块翡翠是老种的，所以比另一块价格要高。”商家讲的“老”，有人认为是年代久的意思，例如是清代或民国时期的作品；有些人认为指的是场口年代的久远。

实际上，从专业角度来讲，新翡翠与老翡翠是指翡翠的种类，由于翡翠的成因不同，地质环境不同，原生与次生状况不同，各场区场口所产出的玉石块体，自然形成了种的差异。而种分的好和差，决定着翡翠的品质与价格。就缅甸翡翠的种类而言，传统上可分为老种、新种和新老种，也叫作老坑种、新坑种和新老坑种。

老种，即成矿年代早，玉石块体生形饱满，沙发明显，雾层均匀，底章致密，颜色鲜明。常见的有山石、水石、半山半水石，都是老种的同质多象。老种翡翠的原石在长期的、强烈的动力地质改造作用过程中，玉石内的组分矿物颗粒不断地变细，结构不断地紧密，因此老种翡翠的质地自然细腻很多，透明度也随之大大提高，行内

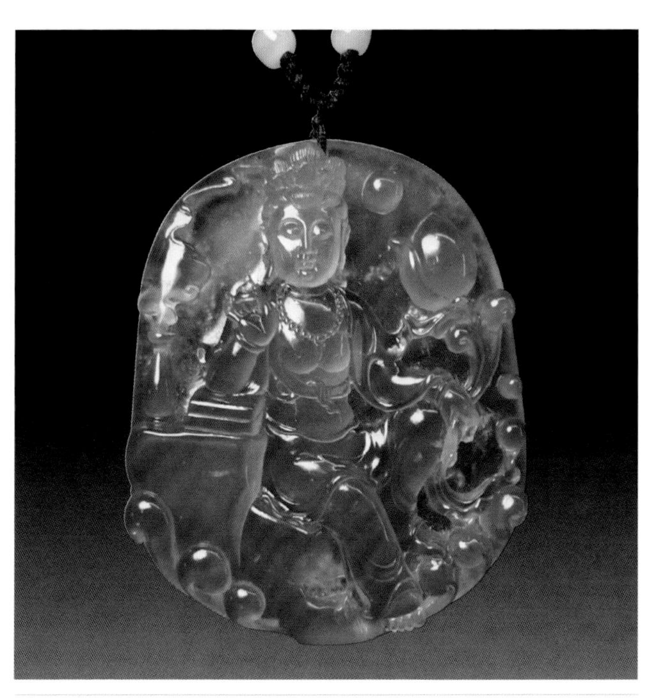

老坑玻璃种自在观音，起莹光，雕工精湛，观音自在随意，脸型慈悲润雅，手指、头发丝都细微到位，栩栩如生

老坑玻璃种满绿圆条手镯，为世间少有的精品和收藏之极品

一般称之为成熟度已经够“老”了，所以就有了“老种”这个称呼。老种的成分稳定，结构致密，硬度高，相对密度大，发育完善，是质地非常细腻、透明度很高的最优种分，其颜色或深沉或鲜艳，是所有翡翠收藏家梦寐以求的品种。

新种，是典型的原生矿产物，没有风化过程，因而没有皮壳，也没有雾层。这是新种翡翠的基本特征。与老种相比，新种的致密程度低，韧性弱，易断裂，颜色浅淡而色性显弱。成分中含铝较多，相对密度较小，硬度稍软。但新种的块体较大，底章不失玻璃光泽，仍是硬玉中的上品。新种翡翠的原石只经历了短暂的、轻微的动力地质改造作用过程，有的甚至还没来得及改造就被抬升至地表受自然界的风化、搬运、磨蚀等破坏作用，因而这种原石的质地一定比较粗糙，透明度当然也会较低，行内称它们的成熟度还不够“老”，所以称作“新种”。

新老种，也称为“新老坑”，这种翡翠原石经历的后期动力地质作用的改造程度介于老种与新种之间，故质地的细腻程度、透明度等也介于两者之间。新老种翡翠原石接受的“改造”程度介于老种与新种之间，所以质地与透明度也介于两者之间。但现在对成品的评估中，“种”的概念实质上已成为翡翠质量的一种综合指标，在普通的珠宝行业中，通常称质地细腻而透明者为老种或老坑，反之则称为新种或新坑。

新种镶金翡翠，底子较粗，水短

新坑与老坑并不代表翡翠形成的地质年代的短与长，只是由于它们的矿物组成与结构不同、经历的地质过程不同。

关于新坑与老坑还有另一种说法，即开采年份的新与老。这里提及的“坑”是指开采翡翠的场口，故新坑、老坑自然地被人们联想到场口开采历史的长短，虽然实际情况并非如此。但新坑、老坑翡翠原石的质量与矿坑场口的开采历史还是有一定的间接关系的。因为翡翠开采之初，人们对翡翠质量的要求很高，质量较差些的根本不予理睬，更谈不上加工销售了。那个时候产翡翠的场口只注重优质翡翠的开采，相当多老种或老坑

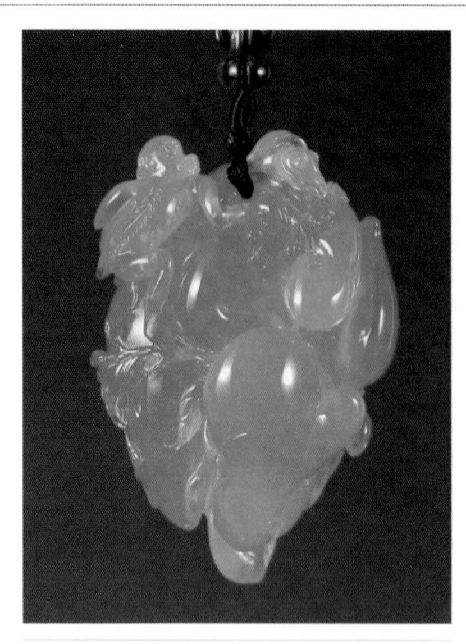
玻璃种满绿把件，为特等翡翠

的翡翠都产出于那个时代的场口，所以就形成"优质种分的翡翠一定来自老坑"的思维和歧义说法。

在实际商贸活动中，老坑翡翠的种水常常明显优于新坑翡翠，但这与它们的开采年份是否长远并没有直接关系。

2. 按稀有程度和价格分类

通常可分为特等、高档、中档和低档。

特等翡翠，是指那些产量非常稀少，颜色艳丽、饱和度高、种水达到玻璃种或冰种、质地细腻完美、无绺裂、工艺完美、个头饱满的翡翠。

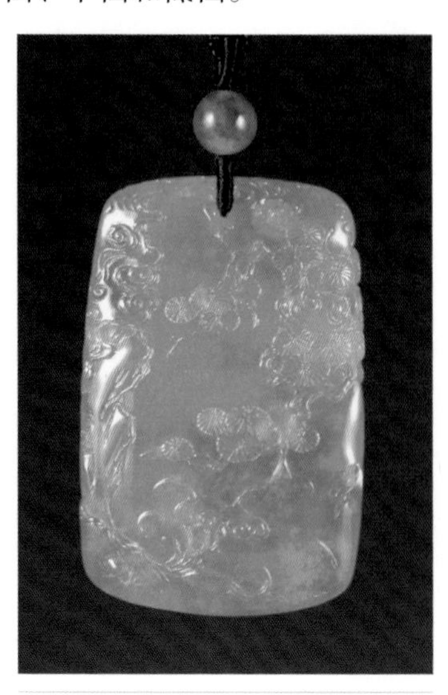
冰种翠绿君子牌，为高档翡翠

高档翡翠，是指那些产量稀少，颜色鲜艳明亮、饱和度高、种水达到冰种、质地细腻、有少许瑕疵、工艺精致的翡翠。

中档翡翠，是市场中常见的翡翠，颜色、种水、质地、工艺明显逊色于高档翡翠。

糯冰种浅艳绿福瓜挂件，为市场常见的中高档翡翠饰品

冰种飘绿翡翠节节高升挂件，为市场常见的中档翡翠饰品

低档翡翠，是产量较多，颜色、种水、质地、工艺均较差的翡翠。

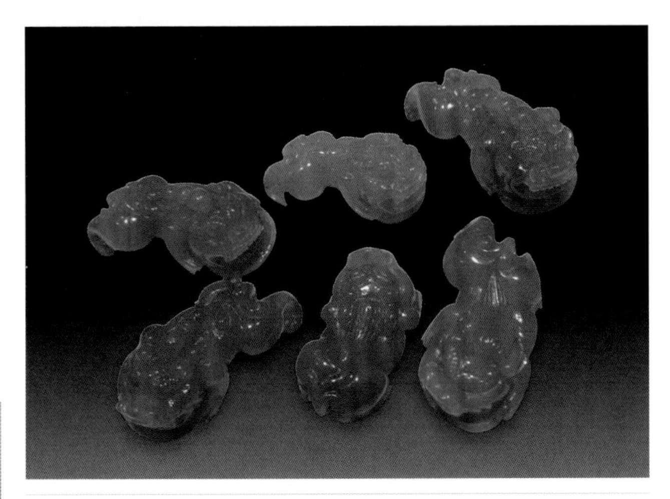

蓝灰色翡翠貔貅，为低档翡翠饰品

3. 按翡翠原石取材程度分类

通常可分为色料、手镯料、花件料、砖头料。

色料，指翡翠颜色鲜艳美丽、饱和度高的翡翠，一般指绿色翡翠，色根呈团块分布，种比较老，属于特等至高档翡翠。

手镯料，翡翠原石必须满足三个条件才能做手镯：首先，体积够大，大到避掉绺裂足够画出手镯的部位；其次，必须没有裂纹、少绺；最后，有颜色（主要指绿色、紫色、黄色或红色），水不能太短、质地尽量细腻。手镯料要求比较高。属于中档以上的翡翠。

花件料，翡翠颜色呈点状或条带状分布，颜色分布不均匀，一般为新老种带色的翡翠原料。属于高档翡翠至中档翡翠。

砖头料，指无种无色翡翠，质地比较差，有黑花或脏点，主要用于加工成翡翠 B 货和翡翠 C 货。属于低档翡翠。

糯冰种翠绿翡翠牌，色料，加工精美的雕工，极具收藏价值

体积较大的翡翠原石，可做手镯和雕件

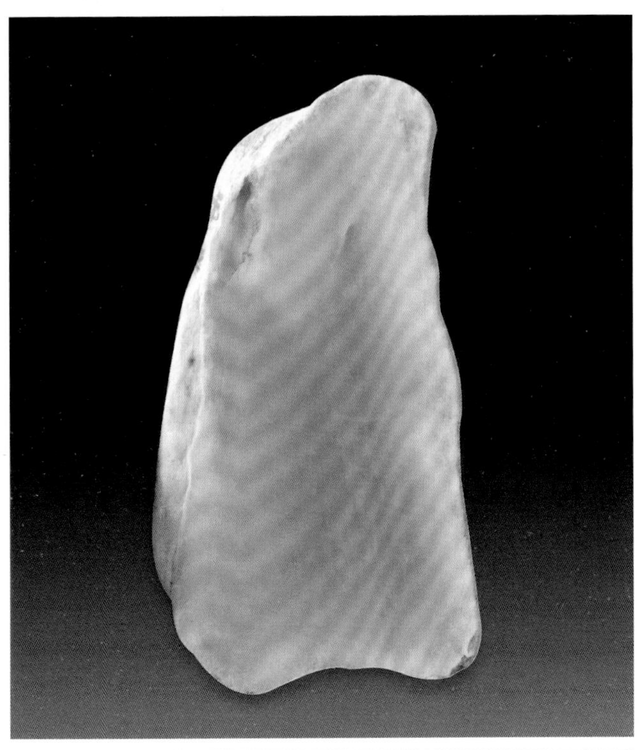

翡翠花件料，此料种好水头长，带色带，可雕成品质高的观音和佛

（六）翡翠的产地

世界上有几个地区可产翡翠，分别是缅甸的北部、哈萨克斯坦的伊特穆隆达矿和列沃-克奇佩利矿、美国的加利福尼亚克列尔克里克矿和门多西诺县的利奇湖矿床、中美洲以及日本、墨西哥、危地马拉和哥伦比亚等地。其中缅甸是翡翠原石的主要产地，也是高档翡翠和商用翡翠的唯一产地，占世界总产量的90%以上。其他国家产的翡翠大多只能做一些雕刻级的工艺原料。

哈萨克斯坦的翡翠原生矿主要为伊特穆隆达和列沃-克奇佩利矿，矿化与蛇纹岩体有关，翡翠矿体主要由硬玉与钠长石、透辉石等组成，沿着蛇纹岩体的碎裂纹和片理化方向延伸。颜色主要呈白、灰、黄、浅红、浅紫红、浅绿色，具中粒和细粒交代结构。硬玉可被钠长石、透闪石、方沸石、钠沸石交代，形成粒状、柱状、不规则弯曲的边界。其质量大多和缅甸商品级不透明、水头差、结构粗的雕刻料相当。其最好的绿色只能达到苹果绿，虽有近似祖母绿的小块体，但因碎裂严重，实用价值不大。

美国翡翠主要在加利福尼亚州的尼拉县和门多西诺县，有原生矿，也有次生矿。翡翠矿体中心部分由角砾状细粒绿色硬玉集合体组成，中间穿插粗粒白色硬玉细脉，其中的白色硬玉很纯，而绿色矿物集合体除大部分是硬玉外，还含有霓石、透辉石和少量的钙铁辉石及钠沸石和硬硅钙石等矿物。和缅甸翡翠相比，美国翡翠缺少首饰级的绿色，质地干且结构较粗，大多只能用作雕刻材料。门多西诺县的翡翠矿床是利奇湖矿，主要由透辉石、硬玉、石榴石、符山石的细脉体组成，大多也只能用作雕刻材料。

日本的翡翠主要为原生矿，产地主要散布在日本鱼川市、新潟县、青海町等地，较多是粗粒结晶的硬玉集合体，所出产的翡翠颜色以淡绿色、白色为主，常夹带着深黑色的阳起石矿物，并且常与钠长石及石英伴生，质地较干，杂质较多，几乎不能切割，没有太大的实用价值。

危地马拉翡翠矿是20世纪50年代初在埃尔普罗格雷素省曼济尔村附近发现的，麦塔高翡翠矿床的翡翠主要由硬玉及透辉石、钙铁辉石组成。颜色主要为黄绿色，价格低廉。

翡翠主要出产在缅甸的北部山区，北纬24°～28°，东经96°线左右，东起和平，西至红木林，北起拉班，南至温朵。矿区贯穿乌鲁江流域，夹峙在高黎贡山和巴盖崩山之间，南北长约240千米，东西宽170千米。这里距密支那136千米，距离中国腾冲360千米，距离泰国清迈1 200千米。缅甸可以产宝石级的翡翠取决于它的地质环境。缅甸地处印度板块与欧亚大陆板块的结合部，几亿年前，印度板块和欧亚板块发生碰撞，并产生了大的断裂，地下岩浆顺着断裂向上运动，随着青藏高原的隆起，形成独特的横断褶皱地区。这里广泛分布着

开采出来的缅甸翡翠原石

风化了的蛇纹岩、橄榄岩、蓝闪石片岩、阳起石片岩、绿泥石片岩，是典型的超高压变质相区域，具备了翡翠形成因素的多种有利条件。

缅甸翡翠产区多数为丘陵和冲积平原，气候炎热，年降水量在4000毫米上下，每年10月至次年4月是当地适合采玉的季节。翡翠开采在很长的一段时间内都是靠人工，所以效率非常低，产量不高。20世纪90年代以后，随着科技的进步，缅甸政府引进了机器进行机械化开采，从而大大提高了翡翠原石的产量和品质。

缅甸矿产的开采权仅对缅甸公民开放，开采权期限为3年、5年不等。开采的方式有两种，公民可以和政府合营共同开采，也可以独资私营的方式开采。于是独资的商人们通常采用日夜不停的开采方式，以便在有限的时间内开采出更多的资源。因此，造成了对环境的严重破坏，河流被改道，山峦被劈开，敞开的工作面达到数万、甚至数十万平方千米。地面以下的垂直开采深度已达百米。虽然开采量显著增多，但是高档毛料所占比例逐年下降，不到万分之一，中档毛料不到5%，中低档的毛料则占95%。

20世纪90年代以前，私自采玉在缅甸被视为非法行为，一旦被抓到会遭重罚，甚至入狱，但是在高额利润的吸引下，走私现象依然屡禁不绝，大多数的翡翠毛料都是在私下进行交易的。

从2000年开始，缅甸政府通过统一物资、资源调配的方式，对政策进行了调整，加强了对翡翠毛料的控制，规定开采出来的翡翠毛料必须登记后上交给政府，再由政府统一进行拍卖后才能出境，其他一切交易方式均被视为走私。

缅甸政府为了利用稀缺的翡翠资源获得更多的外汇

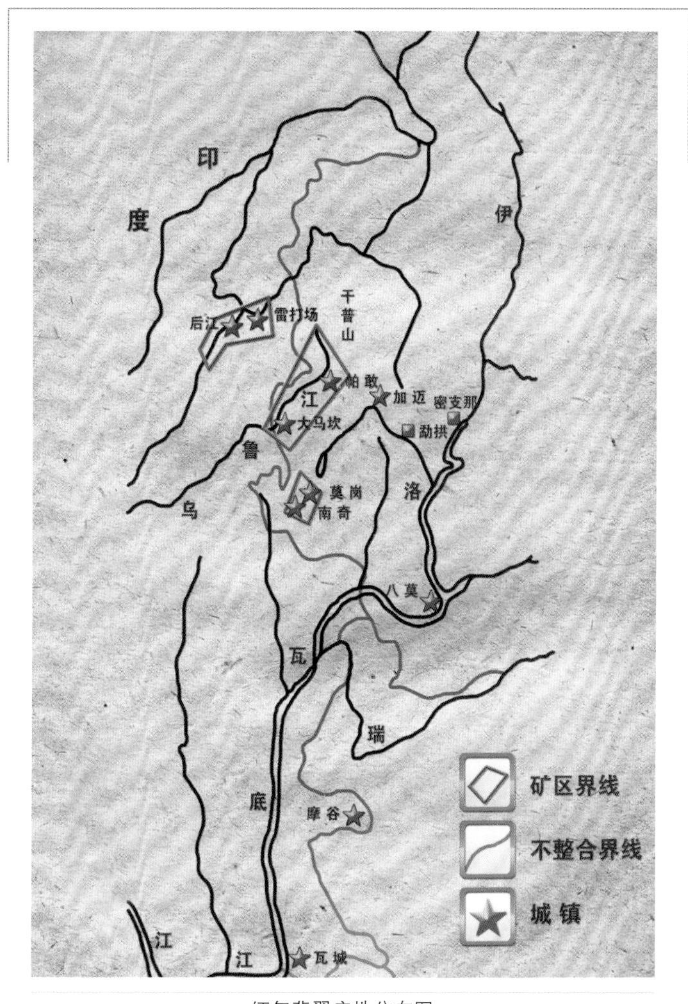

缅甸翡翠产地分布图

收入，将所有的矿产资源收归国有。自1964年起，每年举办翡翠毛料公盘。

所谓“公盘”是指把待交易的毛料都编号，注明了重量、件数、底价，让业内人士先进行评估，得出最低的交易价格，然后在市场上公示。买家们通过明标和暗标两种拍卖方式，根据自己的心理价位竞争购买。无论哪种方式，都是价高者得。公盘交易政策的出台，切断了卖方市场的廉价货源，加速了翡翠价格的上涨。翡翠毛料近 30 年的价格上涨了几十倍甚至上百倍。尤其是近几年，价格呈直线上升趋势，“疯狂的石头”也因此得名。

公盘期间，来自世界各地的翡翠毛料商人云集缅甸，其中华商占大多数，主要来自云南、广东、福建、河南和北京等地。

缅甸翡翠原石公盘市场

三

翡翠原石鉴别

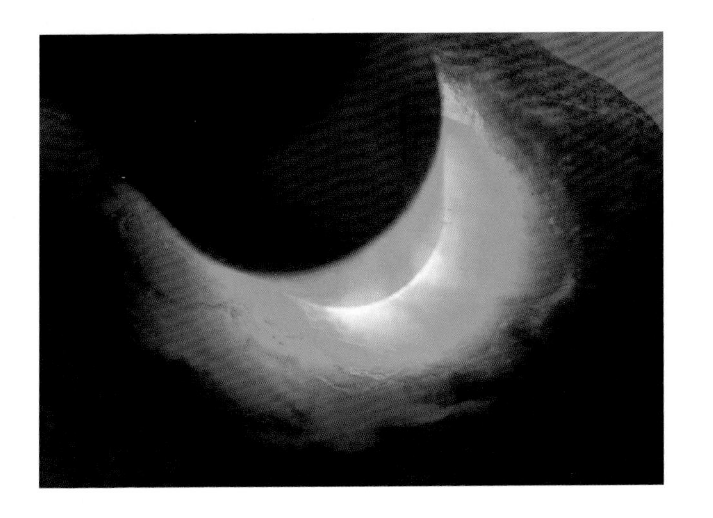

随着翡翠价格的不断上升，人们不仅仅对翡翠成品感兴趣，翡翠原石也成为投资收藏的目标。在“2011 中国昆明泛亚石博览会”上，最大的亮点莫过于名为“亚洲一号”的翡翠原石。据悉，它出自缅甸密支那北部的一个老场口，全石重达 3 000 千克，呈不规则长方体，长约 150 厘米，宽约 40 厘米，原石皮壳为黄皮山石，皮下见白雾，种老色老，实属罕见。石博会上，此巨石被喊出了 10 亿元人民币的高价，震动全场。

“亚洲一号”局部图

发现“亚洲一号”的现场

翡翠原石的交易带有一定程度的神秘感，它的神秘体现在“赌石”上。场口和场区是赌石判断中很重要的依据之一。场口是指开采翡翠的具体地点，场区则是若干场口因开采年代和相似的表现而形成的区域。缅甸共有 6 个场区，每个场区又分许多场口。每个场区所产翡翠，其外观、质量、颜色都各有特点。通常人们根据各场区场口翡翠的特殊性，来观察判断所产翡翠是否可赌。这 6 个场区分别为：帕敢场区，著名场口有回卡、木那、大谷地、四通卡、帕敢等；木坎场区，著名场口有大木坎、雀丙、黄巴等；南奇场区，著名场口有南奇、莫罕等；后江场区，著名场口有后江、雷打场、加莫、莫守郭等；新场区，著名场口有马萨厂、凯苏、度冒、目乱岗等；新老场区，著名场口有龙塘场口等。

（一）翡翠原石的场区及主要场口

翡翠原石的开采，已经有两千多年的历史了。发展至今，如星火燎原，有知名度的翡翠场口已近百个。由于不同场口翡翠的质量和皮壳表现千差万别，商业价值也相差甚远。这主要取决于三个方面的因素：一是翡翠原生矿的形成条件及质量，二是取决于风化剥蚀的过程，三是取决于埋藏的条件和深度。

缅甸的乌鲁江流域是世界上翡翠原生矿的主要产出地。13 世纪初开始开采冲积砂矿，1871 年发现原生翡翠矿床。由于翡翠的形成过程相当复杂，而且其中所含的矿物成分变化很大，其成因有变质说、岩浆说和热液交代说三种观点。

乌鲁江流域从地质上看，位于喜马拉雅造山带的外带，呈南北向展布。从岩石特征看，主要岩石为早第三纪的变质岩，包括超基性岩体、蛇纹岩化纯橄榄岩、角闪石橄榄岩和蛇纹岩、蓝闪石片岩、阳起石片岩和绿泥石片岩等。从矿体出产状况看，翡翠矿床主要产在北东

缅甸的乌鲁江流域是世界上翡翠原生矿的主要产地

缅甸次生矿床分层结构剖面图

向展布的度冒岩体的蛇纹岩化橄榄岩中。度冒岩体在平面上呈椭圆形，长 18 千米，宽 6.4 千米。该区最著名的原生矿床有 4 个：度冒、缅冒、潘冒和南奈冒。含矿岩体呈脉状和透镜状，组成长达 2.5 千米的矿带。度冒矿床翡翠矿体沿走向长达 270 米，具有对称条带状分布的特点，矿体的中心部分由单矿物翡翠岩组成，朝脉壁方向渐变为钠长石 - 翡翠岩和钠长石岩。从矿石特征看，翡翠矿带厚 2.5 ~ 3 米，主要由白色翡翠组成。有的地方矿石，在白“地”上，杂乱地分布有各种颜色（深绿、苹果绿、黄色、浅红至紫色）的条带或斑点；有的地方矿石，则在同一块翡翠岩中有几种颜色的翡翠恰到好处地搭配在一起。北部的原生矿产出粗粒不透明但翠绿色的翡翠，市场上称其为“铁龙生”。但总体上说，原生矿产出的翡翠质地不够好。

次生矿床是缅甸翡翠的主要来源，通常有三种类型：河床中的冲积矿床、山坡的残积矿床和砾岩矿床（古洪积矿床)。现在，冲积矿床和残积矿床基本上已经采完，故砾岩矿床是主要的开采对象。含翡翠的砾岩层的厚度一般为 100 ~ 300 米，地貌上已成为丘陵，近地表的上层呈黄色、中层呈褐红色、下部则由于地下水的浸泡而呈深灰色至灰黑色。

20 世纪 90 年代后半叶开始，缅甸的翡翠开采进入鼎盛时期，开始采用现代化的机械设备开采，从而使翡翠的年产量达到 8 000 多吨。

翡翠原石，黄皮，皮薄；剥皮可见白雾，露出鲜艳的红色，肉细

根据翡翠原石的外观特征、种类和开采时间的顺序，通常可将缅甸翡翠原石矿区划分为以下六大场区。

1. 老场区

是指位于乌鲁江中游的次生矿区，是发现和开采时间最早、范围最大的场区，约在 18 世纪开始开采，较大的场口有 27 个：老帕敢、育马、仙洞、南英、摆三桥、琼瓢、香公、莫洛根、兹波、格银琼、东郭、回卡、那莫邦凹、宪典、麻母湾、帕丙、结崩琼、三决、桥乌、莫洞、勐毛、苗撇、东莫、大谷地、四通卡、马那、格拉莫。这个场区的矿石产量大，质量高。目前已开采到风化壳下的第三层，其中第一层的翡翠砾石常为黄沙皮，第二层的翡翠砾石为黄、红沙皮，第三层为黑沙皮。

老场区中最著名的场口有帕敢、回卡、四通卡和麻母湾等。

第一，帕敢场口。这个场区是冲积或残破积矿床，位于乌鲁江中游，是个长条形的村镇，其中还包含许多小场口，开采时间始于公元1世纪，属历史上开采最早的名坑之一。翡翠砾石的特点是大小不一，大到几百千克，小的只有鸡蛋大小。砾石磨圆较好，外壳可呈黄盐砂和白盐砂。其内部矿物颗粒结晶较均匀、结构细腻、翡翠种好、底子细。若外壳有松花表现，内部一般有绿，色足。老帕敢的黑乌砂，其皮壳乌黑似炭，一般种好、

种好、底子细、矿物颗粒结晶均匀的翡翠原石

色好、绿随黑走，有枯便有色。帕敢场口的石头，皮壳与玉之间常有雾状过渡带。帕敢是缅甸产玉的主要场口，市场上目前以中、低档砖头料为主。

第二，回卡场口。是离帕敢场口约一天路程的翡翠次生矿，其特点是皮壳薄，色杂，可呈黄、灰、黑、淡绿等色。皮壳具有双层结构，外层呈淡红色的膜皮，内层水翻砂，玉石水头不一。该产地的翡翠一般是种好，硬度高，但绿色不艳，有时候绿的地方水发，可有满色。个体大小悬殊，大者可达几千千克，小的则只有几百克，磨圆度较好。

第三,四通卡场口。该场口的翡翠皮壳较粗，可呈红、黄白盐砂皮，一般皮下有黄色、白色的雾，其内色多呈绿色。大小变化大，从几百千克至几百克不等。

第四，麻母湾场口。位于乌鲁江河岸边，出产的翡翠原石皮壳主要有黄乌砂和黑乌砂两种，故以乌砂出名。壳下常有黄、红、黑和白色的雾，皮壳结晶粗细不等，一般是皮壳细腻、均匀则地子细、皮壳粗则地子粗。其色多偏蓝，蓝中夹白，偶然也见有浓绿色高价格品种。

2. 大马坎场区

该场区位于乌鲁江下游，毗邻老场区，距帕敢约 30 千米，属于冲积矿床，开采时间较老场区晚 100 年左右，大的场口有 11 个：雀丙、莫格叠、大三卡、南丝列、西达别、库马、黄巴、大马坎、那亚董、南色丙和莫龙基地。目前已挖到第三层，主要为坡积及山下河床水石，有黄砂皮和黄红砂皮两种翡翠砾石。据说不同场口之间翡翠皮壳表现差异大，其中大马坎场口和莫格叠场口的翡翠皮壳较厚，表面不平，起蜂窝，呈灰色，且皮肉相杂。皮壳下必有雾，雾色呈红、黄、黑、白多种，其中呈红、黑雾的玉石地子灰；黄、白雾的石头地子好。一般是“十雾九有水”，凡是皮壳与黄色肉（玉）相杂难分的，其玉色偏蓝。该场口的水石较多，个头一般不大，多在 1 ~ 3 千克之间，但抛光起“钢色”受光，油性颇大，温润细腻，是产好玉的地方。

3. 小场区

位于恩多湖南面，毗邻铁路线，面积约 45 平方千米，比后江场区大三倍，是原生矿床。只因场口不多，所以人们称它为小场区，出产过许多优质翡翠。较大的场口有 8 个：南奇、莫罕、南西翁、莫六、乌起恭、那黑、通董和莫六磨。该场区已开采到第三层，第一层为黄砂皮，第二层为黄红砂皮，第三层为黑砂皮。翡翠砾石多带蜡壳，其中著名的场口南奇石的特点是皮薄，厚度约为 0.3 ~ 0.5 厘米，常见分层，外层为黄砂皮，第二层为半山半水，第三层为水翻砂。南奇石的绿色大多偏蓝、灰，色暗，且多裂烂，色种水均好的较少。

4. 后江场区

该场区因位于坎底江（即后江，是乌鲁江北侧的一条支流）而得名，也是开采较晚的一个场区，大区始于十六世纪初。在长约 3 000 米，宽约 150 米的狭窄区域内，分布着约 10 个场口：帕得多曼、比丝都、莫龙、格母林、加莫、香港莫、不格朵、莫东郭、格勤莫和莫地。该场区已开采到风化壳下第五层。第一层的石头为黄砂皮，第二层为红腊壳，第三层为黑腊壳，第四层为白黄腊壳，第五层为白黄腊壳。后江场区虽然狭窄，但产量高，品种多，质量好，皮壳薄。其特点一般是单件砾石的体积小，透明度好，结构致密细腻，原石绿，所谓“十个后江九有水”。皮薄且腊壳不完整的地子好，而外皮淡阳绿的色正。色浓夹春的则色偏，颜色过深的加工后会发黑。后江石的缺点是裂烂较多。

5. 雷打场区

该场区位于后江的上游，因出产雷打石，即加工成的产品出现许多裂绺，像被雷打过一般而得名，出产的翡翠通常色绿、地干；多见为表生矿，块体低劣，裂纹多，种底干，硬度差，质地疏松，绝大部分不能切割加工，虽有绿色但大多属于变种石，其价格十分低廉。该场区代表性的场口有：那莫（即雷打之意）和勐兰邦。虽然该场区大部分翡翠矿砾种干裂多，较软，但也可能出产价格较高的翡翠，如在1992年初，该场区发现了一块巨大如屋的优质翡翠，曾轰动一时。

6. 新场区

位于乌鲁江上游的两条支流之间，开采时间较早。翡翠矿砾分布在表土层下，开采方便，不需深挖就能得到翡翠块体，但大多没有皮壳，属原生矿床。因人们习惯称这里的矿砾为新场石而得名。主要的场口有9个：莫西撒、婆之公、格底莫、大莫边、小莫边、马撒、邦弄、三客塘和三卡莫。翡翠料多为大件的白底青中低档料。

此外，1983年新发现的场口有质地松散，较适宜做B货翡翠的“八三玉”（又称“巴山洞”“爬山玉”），以及大多满绿而质地较干，以钠铬辉石为主的“铁龙生”翡翠。这两处场口的翡翠已成为人工改善处理翡翠原料的主要来源。

在缅甸，翡翠原料产地有所谓的“十大名坑”之说。根据有关资料，笔者对十大名坑所出产的翡翠原石作一简介，以供参考。

缅甸十大名坑翡翠原石特征

	十大名石	主要特征
1	后江玉石（也称坎底玉）	分老后江玉与新后江玉，均产于河床冲积砂中。其中，老后江玉产自冲积层的底部。有“十石九有水”之说。皮薄呈灰绿黄色，块体较小，很少超过0.3千克，底章好种水佳，常出产满绿高翠原石；少雾，多裂纹，加工后翡翠成品的颜色比原石的颜色加深，且可加工性强，是制作戒面的理想用材 新后江玉的皮比老后江玉的皮厚一些，块体较大，重量一般在3千克左右，但种水与底章均比老后江玉的差，相对密度及硬度都略小，裂纹多，成品抛光后不及原石颜色好，即使是满绿、高翠，也很难做出高档饰品
2	帕敢玉石	帕敢玉皮薄，皮以灰白及黄白色为主，玉石结晶颗粒细，种水好，透明度高，色较足；块体较大，从几千克到几百千克都有，呈各种大小砾石。一般以产中低档砖头料为主。老帕敢以产皮壳乌黑似煤炭的黑乌砂玉而著名，色好、种好、大多带松花、蟒带和白雾。但据报道现已全部开采完，目前市场所见乌砂玉均产自麻母湾
3	回卡玉石	皮壳杂色，以灰绿及灰黑色为主，透明度好坏不一，水底好坏分布不均，但有绿的地方种水常较好。玉石块体大小较悬殊，大件的可达几百千克乃至上万千克
4	麻母湾玉石（也称乌砂玉）	与帕敢石齐名。早年以产量大，色正而闻名。主要出产过黄盐砂皮、黑乌砂皮，砂发均匀，颗粒感强。其主要特征为黑乌砂黑中带灰，水底一般较差，且常夹黑丝或白雾，绿色偏蓝
5	大马坎玉石（也称刀磨砍玉）	皮壳多为褐灰色、黄红色，一般种水与底章均较好，但多白雾、黄雾。块体较小，一般1千克至2千克。此产地还出产如血似火之红翡玉石，也较名贵
6	莫敢玉石（也称抹岗玉）	砂发偏粗，皮较粗，皮色灰黄或灰白；玉石种水与底章均较好，裂纹少，为绿或满绿夹艳绿之高翠品种多产之地，很少含杂质，玻璃底较常见，但产量少

续表

	十大名石	主要特征
7	自壁玉石（又称次卑玉）	皮壳以黄灰为主，水底均佳，裂纹少，但有白雾，其产品以蓝花水好闻名，有少量做高档手镯的绿花玉料产出，腾冲有名的绮罗玉即产于此坑
8	龙塘玉石（也称龙坑玉）	以黄砂皮或灰白砂皮为主，皮壳较粗。大部分水与底均好，绿色很正，常出高翠玉料
9	马撒玉石	属新场玉，无皮或少皮，块体大，绿较浅淡，水与底有好有差，无雾，主要用作低档手镯料或大型摆件料
10	目乱干玉石	为新场玉，无皮，种水好底章好，有白雾。以出产紫罗兰色及红翡色的翡翠为主，一般在一块玉料上有紫、红及淡翠并存，但裂纹多

（二）如何评判翡翠原石的优劣

1. 翡翠的皮

翡翠的外皮，是在其次生条件下形成的，即翡翠砾石表面经过风化而形成。除了部分水石和劣质玉石没有皮壳外，其他大部分玉石都有薄厚不等、颜色各异、粗细不同的皮壳。从地质学的角度看，翡翠皮壳的厚薄，是与它所处的外在条件有关的；而皮的颜色及粗细则与翡翠原料的内部颜色及质地等结构有关。

翡翠皮壳的颜色很多，如紫色、白色、黑色、暗绿色等，与其内部有十分密切的关系；而红色、褐色、棕色等，却与内部没有直接的关系。皮壳上有砂粒，且有粗有细、有厚有薄，这直接反映着底章的质地好坏。看皮壳，是判断玉石场口、玉石质地的主要依据。

下面按翡翠皮壳的颜色及粗细将比较常见的皮壳分类，并介绍其特征及场口。

第一种，砂皮石。即皮壳比较粗糙，用手摸似有砂粒的感觉，颗粒有粗也有细，总称为砂皮石。根据砂皮的颜色又可分为以下几种。

① 白砂皮。皮的颜色发白，主要为浅灰色。山石，大小均有。皮上砂粒似盐，石种老。主要产地是老场区

翡翠白砂皮原石，皮上砂粒似盐，石种老

的马那场口、小场区的莫格叠场口。这种白砂皮一般里面没有什么绿色，最多是淡的绿色或紫色，但一般透明度较好。有时白砂皮又可称为“白盐砂皮”，即皮的颗粒较细，如盐粒一样，往往可得到水头好的石料。需注意的是有的白砂皮有两层皮，表面是黄色的，经铁刷刷后呈白色，但不影响其内部结构。在新场区也有少量白盐砂皮，有皮无雾，种嫩。

② 黄砂皮。山石，产量较多。砂粒似盐粒，皮的颜色有浅黄色、土黄色、深黄色等，皮的厚度不一，有的

黄砂皮翡翠原石，砂粒似盐粒，脱砂明显，水头足，种分老

黄砂皮厚达几厘米，可以看到翡翠矿物的粒状结构。主要产于老场区，但其他场口也有产出，所以较难辨认其具体场口。

黄砂皮石里可能是绿色较多的翡翠，但这种翡翠多数颜色不均匀，也可能是鲜艳的绿色根，或为青绿色（俗称“苍色”）。根据赌石行家的经验：黄色表皮翻出黄色砂粒，是黄砂皮中上等货的表现。好的黄砂皮的表层砂粒是立起来的，摸上去的感觉像荔枝皮，这样的石头种水好。黄白砂皮上手后手感较粗，细砂脱落者一般水头足。黄砂皮上的砂粒大小不是最重要的，重要的是要匀称，否则质地可能会不够细腻。如果皮壳紧而光滑，大多种份也差。

③ 铁砂皮。山石，外层颜色有红棕的铁锈色，这种皮不规则，就像一层铁一样，看上去分外坚硬，很像含铁的石英砂岩，一般皮厚 0.8 ~ 1 厘米。笔者认为有这种皮的石料数量不多，一般砂粒适中、均匀、皮薄，切

铁砂皮翡翠原石，外皮有红棕的铁锈色，一般玉质较老，不怕底灰，只怕无色，一旦有色，色必是又翠又水，可出高档料

割后里面的底章和色都较好；通常玉质较老，不怕底灰，只怕无色，一旦有色，色必是又翠又水，可出高档料。

④ 黑乌砂皮。山石，表皮有较深的黑色，有的黑乌砂还略带灰色。由于含有一些白色的翡翠矿物所致，故有的带绿色，主要产自老场区、后江场区和小场区的第

黑乌砂皮翡翠原石

三层。按选料经验来说，砂皮砂粒较粗者多为粗豆底，细者多为细豆底，居中者有糯化底；黑砂皮的翡翠里面会有较多深绿色的翡翠，而且很可能是满绿色的翡翠。从场区的出矿情况看，一般从帕敢或后江场区出产的乌砂皮，细豆底居多，绿色黄味足；而从莫罕和南奇场口出产的糯化底居多，且绿色偏蓝。这几个场口出的黑乌砂都有蜡壳，其他场口出产的黑乌砂有蜡壳的较少见。黑砂皮内部可能是一种好的老坑玻璃种，但也可能底很污，或暗裂纹多。因黑乌砂中含铁量高，可能有许多“黑点”，若黑点多而细，宛如小芝麻点一样，且很难避开，就会降低原料的价值。

⑤ 石灰皮。山石，表皮灰白色，上面似有一层石灰，表皮厚薄不一，但表皮较软，可用铁刷子刷掉石灰层，内部质地一般较好。多产自老场区，切割后常见玻璃底。

石灰皮翡翠原石，表皮灰白色，上面似有一层石灰，表皮厚薄不一，但表皮较软，切割后常见玻璃底

摩西砂场口出产的白砂皮，皮上砂粒似盐，脱砂明显，石种老，水头长，常出玻璃种翡翠

第二种，水皮石。主要指的是翡翠原料外皮光滑，手摸上去没有砂的感觉，表面有水冲的痕迹，放大镜观察可见粒状及小凹洞，皮很薄。水皮石由于皮薄，较易透视里面的颜色，肉的颜色有淡绿色至鲜绿色之不同。

水皮石，表面有水冲的痕迹，可见粒状及小凹洞，皮很薄，质地较细

漆皮石，表面有光滑感，皮薄且紧，打光可见表面有“龟裂纹”似的网格

水皮石的质地较细，外皮也有不同的颜色，大多为褐色，也有青色、淡色、黄色等。水皮石由于皮薄可以比砂皮石加工出较多的成品，所以水皮石的市场价格较高。

第三种，漆皮石。颜色漆黑、玉纹带绿色，但表面有光滑感。它不是由风化次生矿物形成，而是一种片状矿物形成。皮的厚薄不一，皮很紧，里面的翡翠颜色可能很好。

老象皮石，表面粗糙高低不平，是原生砂壳，多见半透明的玻璃底，水分较好，是皮壳中的上等料

漆皮石，表面有光滑感，皮薄且紧，切开的部位可见肉质很细腻，水头足

第四种，老象皮石。山石，颜色为白灰色至淡绿色，皮的厚度为 3 ～ 5 厘米不等，表面粗糙高低不平，触摸时手感带刺，凸出来的部分为未风化的柱状矿物，如有一层灰的颜色可能为淡绿色含有白色矿物的缘故，是原生砂壳，多见半透明的玻璃底，水分较好，是皮壳中的上等料。

第五种，得乃卡皮石。山石，皮厚，形似树皮，因其皮壳像缅甸一种叫“得乃卡”的树而得名，黄褐色，眼看粗糙，手感带刺。主要产地为大马坎场区的莫格叠。切割后多见白水底，含正色概率高，容易赌涨。

得乃卡皮石，皮厚，形似树皮，黄褐色，眼看粗糙，手感带刺；切割后多见白水底，含正色者多，容易赌涨

第六种，水翻砂皮石。山石，颜色呈黑黄灰，表皮有水锈色，片状或股状。多见为老石种，大多场区均有出产，有代表性的是麻母湾场区和回卡场区的薄皮水翻砂。

水翻砂皮石，老石种，颜色呈黑黄色，表皮有水锈色

第七种，杨梅砂皮石。山石，表面的砂粒像熟透的杨梅，呈暗红色。主要出产的场口为老场区的香公，大马坎场区的莫格叠、马那、摩哥地等。一般为豆底，多见牛血雾，有的带褐色的槟榔水。

杨梅砂皮石，表面的砂粒像熟透的杨梅，呈暗红色

第八种，腊肉皮石。水石，皮壳红如腊肉，故名。皮壳有薄有厚，种底有粗有细，光滑而透明。主要产于乌鲁江沿岸的场口，属中档翡翠，含翠色较少。

腊肉皮石，属中等翡翠石料

第九种，黄梨皮石。山石，颜色似梨黄，皮薄，打光即可看见内含的肉色。一般含色率高，绿色黄味足，鲜亮艳丽。是大马坎场区最具代表性的石料块体。

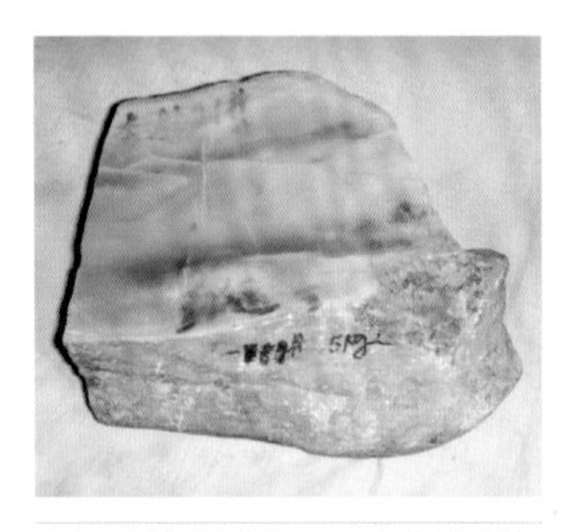

切开的黄梨皮石，内部为绿色色带和紫色相间，为春带彩原料

黄梨皮石，大马坎场区最具代表性的翡翠原石

第十种，笋叶皮石。半山半水石，乳黄色，皮薄，透明度高，成品常在白水底上见绿色翠，且温润。常出产于大马坎，老场区也有少量出产。

笋叶皮翡翠原石

第十一种，田鸡皮石。山石，颜色青灰，表皮如田鸡皮，细腻而薄，光滑，故名。多出产于后江场区，种好，透明度高，有蜡壳，但含翠色较少。

田鸡皮石，颜色青灰，表皮如田鸡皮，细腻而薄，光滑；一般这样的原石种好，透明度高，有蜡壳，含翠色较少

第十二种，脱砂皮石。山石，黄色，表皮容易掉砂粒。是双层砂壳，属原生砂壳与次生砂壳共生的典型品种。颜色多为一层白，一层黄或红；种好，主要产地在东郭和老场区。黄砂壳加工成成品后多为白水底，有阳豆色。红砂壳加工后多见糯化底，有正色，但偏暗淡。

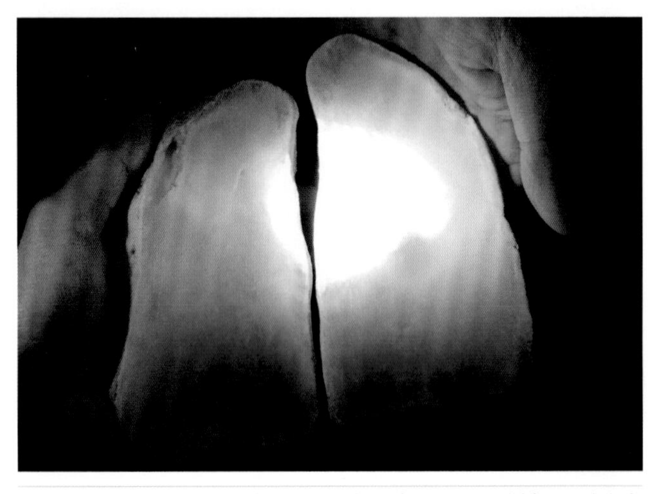

脱砂皮石，黄色皮，表皮容易掉砂粒，有白雾，这块料子可雕出高档的晴水观音和佛

2. 翡翠的底章

翡翠的底章是翡翠的绿色以外部分的干净程度与透明度和颜色之间的关系，是结构和透明度的综合体，也是种、水、色之间相互映衬的关系。

翡翠底章的成因，是由于翡翠岩在变质过程中，溶液高度饱和，促进了线状集合体形成放射，随着压力的增加，放射逐步扩散，形成纤维交织结构。由于压力和溶液的不均衡，扩散时可能出现放射状、束状或纤维状结构，翡翠结构的致密度越高，其硬度就越大，韧性也就越强。如玻璃底的翡翠就比普通底的翡翠硬度略大，韧性也略强。

当溶液逐步冷却凝固后，便形成不同的底章。而底章在扩散期间，由于受温度、压力的影响，其致密程度也不可能达到均一，因此其硬度也有略微的差异。

评价一块翡翠的好坏，不单要看翡翠的颜色、种分，还得看底章及它们之间的协调程度。翡翠底章的成因，导致翡翠的结构特征也有所不同，当结晶颗粒直径越细小，其底章的透明度就越高；反之，当结晶颗粒直径越粗大，则其底章的透明度就越差。

对底章有影响的因素通常有：翠性、色根、石花、脏点（黑点黑块）、绵、绺和裂等，详见下表。

底章成纤维交织结构，种水较好的翡翠，内部可见放射状、束状结构

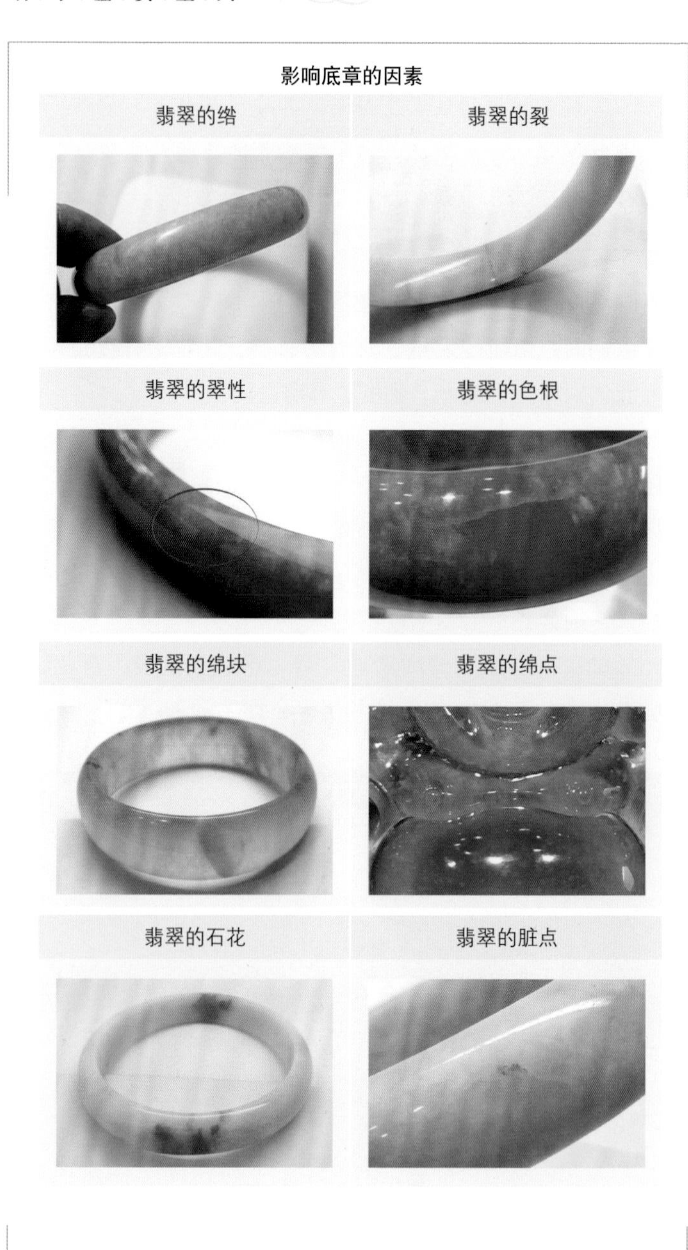
影响底章的因素
翡翠的绺
翡翠的裂
翡翠的翠性
翡翠的色根
翡翠的绵块
翡翠的绵点
翡翠的石花
翡翠的脏点

3. 翡翠的松花

翡翠的松花，是指在翡翠表皮隐约可见的一些像干了的苔藓一样的绿色色块和条带状物，是翡翠内部的色在表皮的具体反映。对松花进行分析和判断是探究玉石内部有无绿色的重要依据。

因为各场口所产出的玉石原料特征不同，松花表现也各不相同。它们形状各异，有薄有厚，颜色也有浓有淡，有疏有密。一般来讲，翡翠表皮的松花颜色越浓越鲜艳，其价格就越高；如果外表没有松花，其内部则很少会有色；而皮壳上多处有松花，颜色存在于内部的可能性较大，但也不完全排除仅存在表面的可能。

翡翠的松花

看松花，首先要分清它是否是真的松花，有些皮壳表面因氧化或风化作用，带有一层绿色的薄腊，很多人误认为是松花或是蟒带，吃了不少亏。其次，分清是原生松花还是次生松花。原生是由里到外的，次生则是由外到里的。最后，分清松花的正偏颜色，不要因为透光的作用而做出错误的判断。

就松花的表现或名称而言，至少有以下十几种：荞面松花、带形松花、卡子松花、膏药松花、柏枝松花、蚂蚁松花、蚰蚓松花、点点松花、丝丝松花、包头松花、癞点松花、一笔松花、谷壳松花、霉松花、毛针松花和紫色松花等。

4. 翡翠的雾

翡翠的雾是指存在于皮壳与底章之间的一层薄厚不等的膜状物，这层膜状物有的透明，有的不透明，朦胧地笼罩着底章，似雾一般。

据研究，翡翠的雾实际上是由于温度的降低和压力的增加，原生矿物硬玉发生蜕变质，新的次生矿物包裹在硬玉岩外部，形成了中心部分是硬玉岩、外面是次生矿物层，最外层是风化壳的格局。简单地说，它是从风化壳到未风化的肉的一个过渡带，是一种硬玉矿物蜕变质作用的结果。

并非所有的翡翠均有雾，原生矿床出产的翡翠大多没有雾，只有受风化程度较强的次生矿床的翡翠雾才会比较明显。雾有薄有厚，颜色主要有白、黄、黑、红。不同颜色的雾具有不同的指示作用，虽不能直接说明其内部的颜色，但能指示翡翠内部杂质的多少，种份是老是新，透明度是好是坏，及其内部的干净程度等。因此，翡翠原石的雾是判断翡翠场口、质量及真伪的重要标志，也是决定其价格的重要因素。

第一种，白雾。把翡翠原石的外皮磨去，露出淡浅的白色，如同白蒜皮盖在颜色上，这种雾称之为白雾。一般而言，白雾含铁量较低，混有硅的杂质，对绿色的浸染作用不大，石料多见正绿色，其地子干净且杂质少，

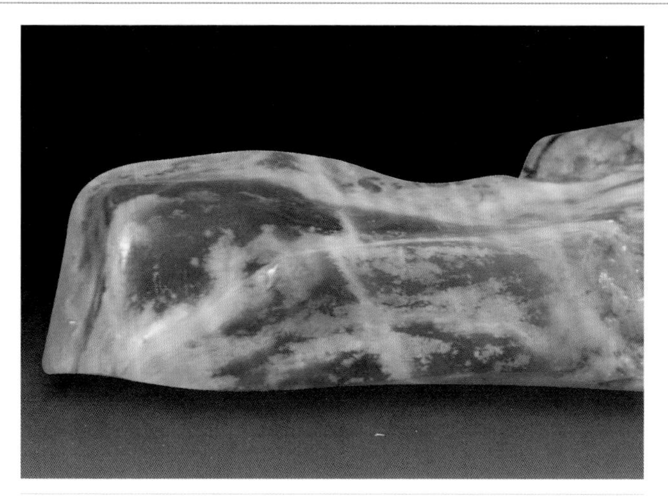

翡翠的白雾

有一定的透明度。这种白雾里的石头颜色显淡，但一旦把白雾去掉，色就会变浓。具有白雾的翡翠说明是种老，故一般人都喜欢赌白雾。

第二种，黄雾。因含氧化铁而成黄色，若为纯净的淡黄色的雾，显示杂质元素少，常会出现高翠，但有时因铁离子产生的蓝绿色调进入翡翠的内部，也常出现微偏蓝绿色调的绿。如果玉料有松花，把松花擦掉，雾会很黄；但擦掉雾，色会泛蓝，黄味不足。也有的雾会把色隔开了，松花擦掉后不见色，但很可能再擦下去就露出色来了。

翡翠的黄雾

第三种，黑雾。因含铁和微量铬沉积而形成。若黑雾厚，则底子灰，透明度差；个别黑雾也可能出现高翠，但水头很差。黑雾下绿色多带油性，且易跑皮和污染底章，大马坎场口产出较多。

第四种，红雾。因含铁量较高沉积而形成红色。由于同时存在针铁矿等矿物，带褐色色调的称为牛血雾，带黄色色调的称为干雪雾。红雾下的绿色偏暗，易跑皮和穿底。

翡翠的红雾

5. 翡翠的蟒

翡翠的蟒是指翡翠中的绿色条带在风化壳的表现形态。“蟒”是缅语，意思为潜在的物质。一般呈凸起的曲折细脉状分布在翡翠原石风化壳表面，犹如一条蟒蛇盘卷。蟒在皮壳上像一种纹路，组成的砂粒比周围的细腻，有被挤压的凹陷感，或具有平整的舒展形态。用手触摸之感觉比较平滑、不糙手，用水淋湿，其吸水较慢。翡翠的蟒带分为两种，一种是种蟒，另一种是色蟒。用手触摸翡翠原石的外皮，种蟒会明显呈条带状凸起，并有一定的走向；而色蟒是明显凹陷下去，一般平行于绿色的走向。蟒是判断玉石内有无颜色及颜色浓淡和分布状态的一种依据。

翡翠的蟒带

蟒与松花不同，蟒的生象（生成的图案）就是皮壳下颜色的生象；而松花的状态，则不一定是皮下颜色的状态。翡翠原石若有蟒出现，加上有松花相伴才有可赌性。若只有蟒而无松花，皮下的绿色多为浅淡，而不会浓艳。因二次风化作用，蟒都具有颜色，如在乌砂壳上蟒显白色，白砂壳上蟒显黄色，黄砂壳上蟒显铁锈色。然而识别蟒有一定的难度，需要反复实践、揣摩和分析才能认清。

由于蟒的生象比较多，很难准确地区分和命名。关于蟒的论述，目前尚无统一说法。

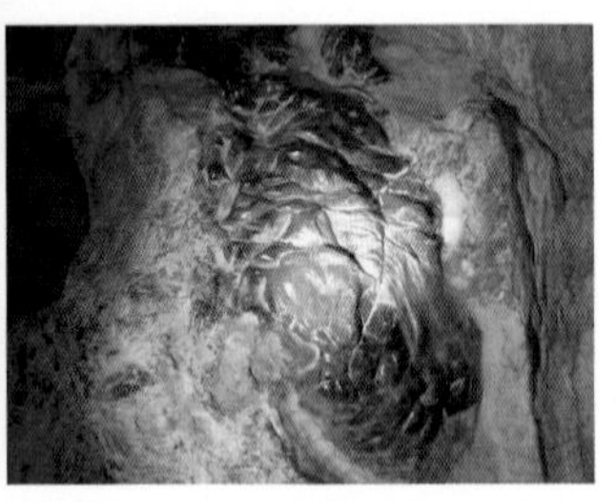

“亚洲一号”翡翠原石全身布满松花和蟒带

6. 翡翠的癣

翡翠的癣是指翡翠皮壳上出现的大小不等、形状各异的黑色、灰色和深绿色的印记。癣在皮壳上有边缘，有走向，常以斑块状和条带状出现，其形状似苍蝇翅膀或白马牙。

癣是在翡翠变质交代的中期或晚期形成，其主要矿物成分是碱性角闪石，通常呈柱状、纤维状集合体，呈靛蓝色、蓝黑色；其次要成分是蓝闪石，蓝闪石有亲绿的习性，所以说“癣”是一种与翡翠绿色有关的表现特征。翡翠业内常说：“癣吃绿”或“绿随黑走”，一般来讲有癣易有色，但同时有癣又容易吃色。这要看癣的生成环境与时间，以及癣内是否有铬离子的存在等因素，故民间又有“活癣”与“死癣”之分。

活癣，与翡翠共生，当地理环境有利于铬元素释放时，癣内的铬不断释放致色离子；当地质环境的改变不利于铬离子释放致色时，终止致色，就会产生黑随绿走的现象，称“活癣”。其形状不等，颜色不一。特征是癣中有水，活泼而不呆板，颜色鲜艳亮丽，细看似有潜在的变化趋向。

死癣，是在翡翠生成以后产生的癣，没有铬离子释放的地质条件产生的癣称为“死癣”。死癣形状刺眼、颜色黯淡发黑，癣层干燥而发枯。死癣与活癣有着互相转化的关系。当把两种癣放在强光下细看，会发现死癣中含有活癣，活癣中含有死癣。据云南翡翠研究者李贞昆经验：如果死癣的走向是活癣，对玉石内部的危害会相应减弱，仍然有可赌性；若活癣的走向是死癣，其危害程度较大，则不具可赌性。有时，两种癣进入玉石块体深部的变化是相反的，完全不以人们的判断为转移，

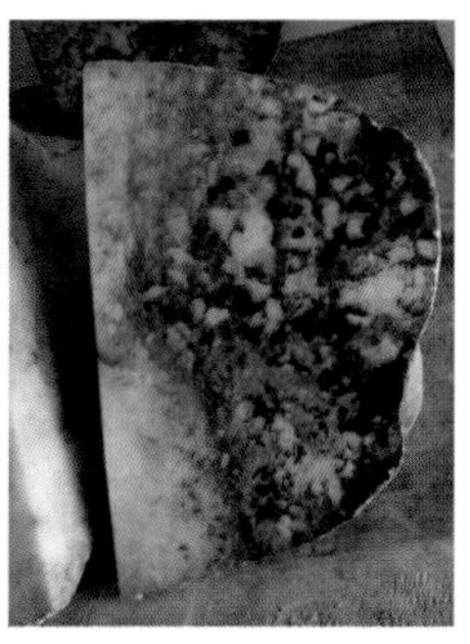

翡翠的癣

是很难把握的一种顽癣。

不同的癣有着不同的成因，对翡翠起着不同的危害程度。虽然癣的形状多种多样，但大体可以分为两类：一类是团块型，这一类是癣溶液在玉石中作局部均匀交代而形成的，如膏药癣、睡癣、死癣等；另一类是脉状型，是溶液沿裂隙充填而形成的，如直癣、猪鬃癣、硬癣等。一般而言，睡癣多停留在表皮，对翡翠危害不大；而直癣则容易钻进玉石内部，对翡翠质量影响较大。

睡癣对于赌石者来说，是一种很有可赌性的癣。多为黑亮色，常呈带状，平卧在皮壳表层。通常睡癣比较薄，癣下都能有绿色。癣和松花的相互关系是内部颜色的外部表现。睡癣是一种良性癣，这种癣是在第二次风化时形成的，发生期较晚，所以它只停留在表面。

直癣的破坏性最大，看似凹陷进玉石里面，如一颗颗钉子钉进去，而不是平贴在皮壳表面，通常还带有色、松花，易迷惑人，对赌石者来说不具可赌性。

7. 翡翠的绺

翡翠的绺一般指的是翡翠的裂绺，即翡翠的裂痕。通常裂开的称之为“裂”，愈合或充填了物质的则称之为“绺”。裂绺分为原生裂绺和次生裂绺。原生裂绺，即与原石同时生成，有些已被后期热液活动修复，或在后期的地质作用下受挤压而愈合，所以翡翠大多数的绺内充填了后期形成的矿物，尤其是碎屑物质。绺对翡翠的危害很大，直接影响翡翠原石的取料和成品的美观，也直接影响到翡翠饰品的价格。

按照裂绺的形状可将其分为：直线式裂绺、曲线式裂绺、衔接式裂绺和分散式裂绺。翡翠的裂绺种类很多，危害大小也不一样。这里主要介绍几种危害较大的绺。

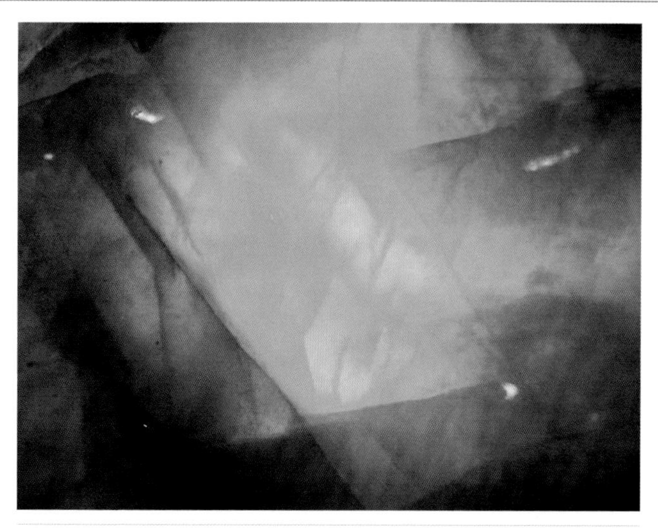

翡翠原石的绺

第一种，马尾绺。形状似马尾巴，属于纵横裂，结构里的网面扩散，不同包裹体沿直线交错发育，形成粗细不等的纵横裂。在琼瓢和回卡场口出产的翡翠有较多带有马尾绺，破坏性非常强，即便是一块最好的玻璃底高绿的好料，也无法取料使用。

第二种，糍粑绺。属于曲断裂，主要由于结构内的夹层不均匀，一经外力作用，便使之形成无秩序的大小裂绺，形状如同糍粑干后引起的绺裂。此种绺裂危害性大，也是不能取料的，原料无实用性。

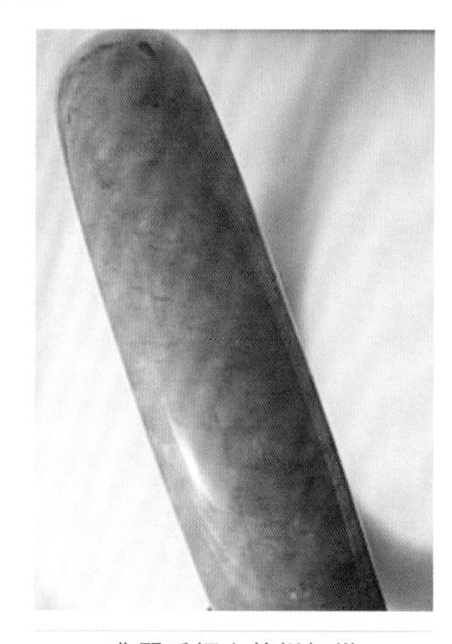

翡翠手镯上的糍粑绺

第三种，鸡爪绺。裂痕形状像鸡的爪子，破坏性极大。鸡爪绺的延伸，可以穿透整个原石块体，使之四分五裂，这样就很难取出有用的料子。但也有的绺仅仅只在表皮，故翡翠原石有赌绺的现象。

第四种，火烟绺。其实这并不是一种裂，而是在裂的周边有脉状的黄锈色，是风化作用后的结果。火烟绺对原石块体的影响不太一致，如大马坎石、南奇石有火烟绺，且大都会吃色，显色干而淡；而对后江石、回卡石却不起作用，且不会吃色。

第五种，雷打绺。其形状如同闪电印在石块上，主要出产在雷打场。

第六种，格子绺。其形状如同格子，也属于曲断裂，主要观察其头尾的深浅，判断绺的影响面和深度，并由此来取料、定价。

以上六种裂绺对于翡翠的危害性较大。除此之外，我们还可以通过裂绺的颜色来判断其严重程度，如一般的裂绺为白色，明显白色的裂绺为开口绺，基本已开裂；只有色较淡或察觉不出颜色的绺才是较为轻微的合口绺。如果裂绺的颜色为红色、黄色、黑色时，则说明裂绺已极为严重。俗话说“十宝九有裂”，故在翡翠原石中或多或少免不了有裂绺，但绝大多数的裂绺是可以通过人工切割、技术遮掩来保住翡翠的颜色并体现其精华部位。只有对绺裂去做仔细的分析，才能提高翡翠原石的利用率和切割、雕刻成成品后的完美性。

8. 翡翠的棉

翡翠的棉是指翡翠底章中的絮状物，是透明的或半透明的翡翠在侧光或底光的照射下，在翡翠内部显现出的棉絮状物质。

翡翠中棉的形状各异，有点状棉、团状棉、片状棉等；

这块由产自木那场口的翡翠雕刻成的佛挂件，具有该场口原料的典型特点，内部多点状棉

其颜色深浅也不一样，有的明显，有的似云雾般朦胧，需借助光的照射才能察觉。棉的形态一般都不一样，而一些翡翠的仿制品，如由钠长石组成的水沫子和石英岩类的马来玉，它们的絮状物多为等径粒状特征。翡翠的棉对于翡翠评价而言，相当于一种杂质物，影响了翡翠的质量与美观，它的存在也大大降低了翡翠的价格。

（三）翡翠原石分类

按形成的环境不同，翡翠原石可分为以下几个类型。

第一种，新坑无皮石。这种类型指的是原生矿床，开采的翡翠玉石没有风化的外皮，玉质外露，看到的主要为粗粒翡翠。

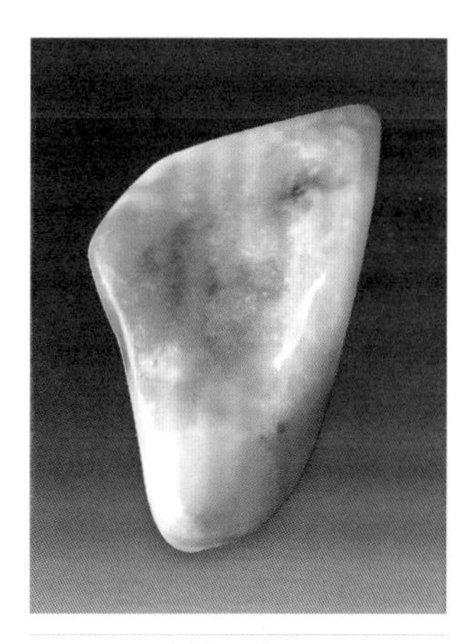

新坑无皮石

此类原石通常水头较差。

第二种，山石。指的是风化残留和堆积成的翡翠原料。

一般原生矿床经物理风化后，可由大块分裂成碎块，其中一部分残留在山坡上，一部分则经过重力作用或水流挟带，在平坦的山坡或山谷堆积。一般这种山石原料有一层薄的风化外皮，形状则为多角形，具半棱角状，说明经过一段距离的搬运；这种原石薄皮的颜色，是由原来翡翠的颜色和成分所决定的，仔细观察，还可窥见里面的质地。

山石

第三种，半山半水石。主要指的是多棱角的山石，经过地表流水的携带，被冲至小溪中去，由于河水搬运还不太远，故不及水石磨圆度好，也可能有薄的外皮。

原本意义上的翡翠赌石，是所谓的“全赌”，是指整块原石没有经过切开，仅有擦口或根本无擦口状态下进行赌石。这种全赌的方式虽然利润极高，但风险也极大，成功的概率很小。于是就出现了另外两种赌石方式，即明料和半赌。明料是指整块翡翠原石已经全被切开，仅针对已经“开门”的原石进行赌石；半赌只针对已开了小口的翡翠原石，即已经“开窗”的原石进行赌石。对于刚入行的翡翠交易者和广大翡翠爱好者而言，赌石是具有很大风险的，切记不要怀着一夜暴富的思想和侥幸心理进行赌石活动。

蒙头石，赌性极大（全赌）

翡翠明料

翡翠明料

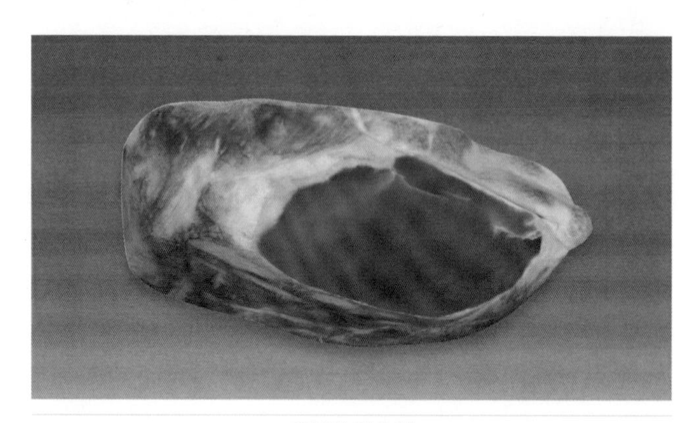

翡翠的剥皮料

翡翠原石的开窗

翡翠原石的擦口

（四）翡翠原石的投资收藏

投资和收藏翡翠原石的爱好者大多数掌握一些翡翠知识，对翡翠有一定了解。一般来说，投资者的行列中以翡翠商人居多，商家以石质综合评价好、升值空间大的石料为投资对象，待价格涨到心理价位时再出售。对于喜爱原石的收藏者来说，收藏原石需要雄厚的经济实力，否则也只能少量收藏，这就需要有选择性地收藏精品。收藏翡翠原石应注意以下三点。

1. 原石的完整性

收藏时，应该收藏完整性较好的原石。所谓完整性，可以理解为原汁原味，就是从矿场出来是什么样的，收藏就是什么样的。没有经过商家处理，如蜕皮、切块、加色等。

2. 渠道的初始性

一般翡翠原石是从缅甸运送入境的，通常在出矿的时候已经过行家的层层筛选，然后再入中国境内。因此在市场上出售的翡翠原石大多已经过了不少商家的交易，其收藏价格已层层加码，相对而言，收藏价值已经大打折扣了。但是，如果能找到翡翠原石出产的源头，如缅甸的佤城或云南的腾冲，尽量拿到第一手料子，才能确保合理的收藏价格和良好的升值空间。

3. 原石的独特性

翡翠原石的独特性会提升收藏价值。既然收藏，就尽可能选择有特点的、独特的翡翠原石，比如形状独特的、块头较大的，或是质地细腻的、种水极佳的、皮色鲜艳的、颜色丰富的、色彩斑斓的等等。因为有特点，才更具有收藏价值。

具有收藏价值的翡翠原石

四

翡翠饰品鉴赏

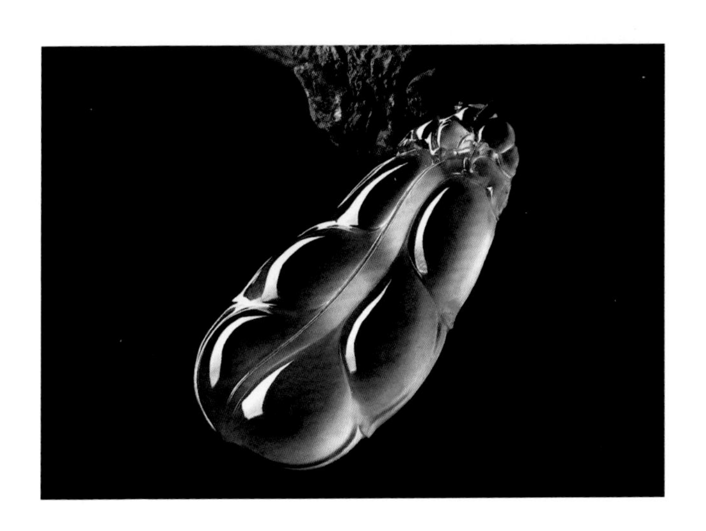

常言道："玉不琢，不成器。"唐太宗说过："玉虽有美质，在于石间，不值良工琢磨，与瓦砾不别。"意思是说玉石虽然有美的本质，但却隐藏于石头之中，倘若没有精细的雕琢，就与破瓦乱石一样没有区别。市场上流通的翡翠多为成品，它们经过了玉石行家慧眼识宝的挑选和琢玉者的精雕细琢，典雅娇艳的美才呈现在人们的眼前。

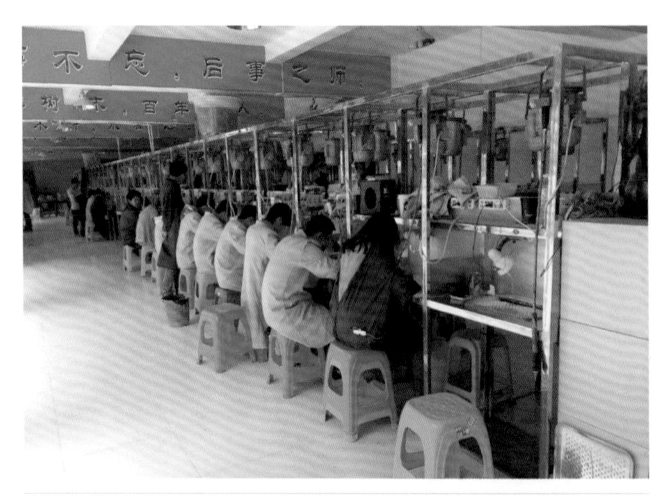

玉石雕刻工厂

"工"与"种"和"色"一样是挑选翡翠饰品的重要因素，好的工艺对于翡翠来说至关重要。一件精美的翡翠饰品，一定是经过翡翠雕刻者深思熟虑和巧妙设计的。雕刻者经过仔细观察后，根据原料自身的特点，进行合理的构思，挖脏去绺，雕刻的题材能够最大限度地遮蔽原料缺点，彰显优点，把玉之美淋漓尽致地展现。

在翡翠工艺品加工中，如何处理好翡翠原料的色，如何对原料进行合理雕琢是极有讲究的。

巧色、俏色和分色是优秀的雕刻者必备的技艺。

巧色是在雕刻过程中常见的对颜色处理的一种手法，是指在琢玉过程中，尽可能多地把原料上的颜色巧妙地运用在所雕刻的题材之中，使成品独具特色。

在翡翠原石中，占主要地位的颜色称为主色，而俏色只是一小部分的色团，如果运用好了能够起到衬托主色的作用。所谓“一俏值千金”，就是体现了俏色在翡翠雕刻中带来的商业价值。

分色是在俏色的基础上，将不同颜色的部分清晰地分离。由于翡翠的颜色通常是渐变的，因此分色这种手法是对雕刻者经验和智慧更加严苛的考验。下图是一块翡翠饰品从原料到成品的整个制作过程。

选料：在灯光下观察翡翠块体的大小、形状、颜色，并构思作品

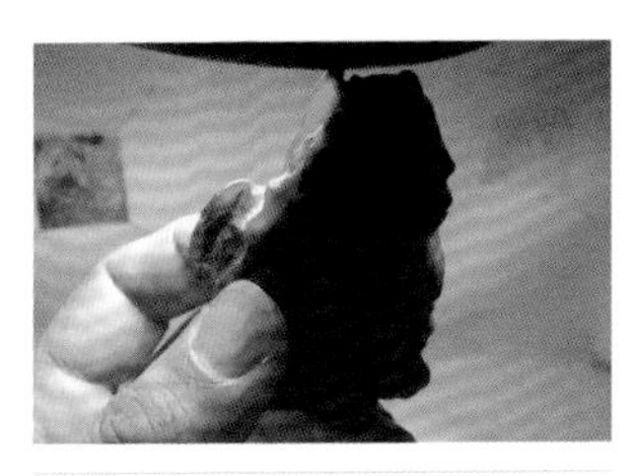

看色：观察翡翠颜色的正偏及走向

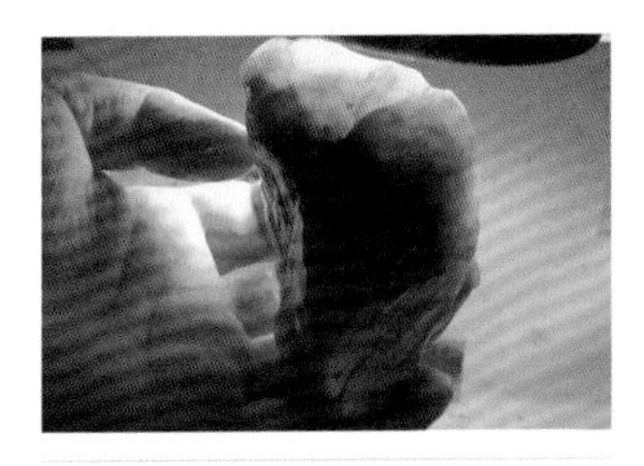

看裂：观察翡翠是否有绺裂，尽量在雕刻的时候巧避绺裂

玉雕师进行精雕细刻

由原石加工成精美的艺术品

最常见的翡翠琢磨工艺有浮雕、圆雕、镂空雕、立体雕、线雕。

浮雕是在平面、弧面的翡翠表面上对立体的事物采用保持长宽比例，缩小体积的方法进行雕刻，接近于绘画的方式。通常运用在人物、山水、花鸟鱼虫等形象的雕刻。根据物象被缩小的深度不同，浮雕又可以分为深浮雕、中浮雕和浅浮雕三种。

圆雕是指在圆弧形表面进行的雕刻，如球体、茶壶等。

镂空雕是圆雕中发展出来的技法，它是表现物像立体空间层次的雕刻技法，贯穿于整个玉器的整体雕刻，把玉器中没有表现力的部分掏空，把能表现物像的部分则保留下来。

立体雕是深浮雕技法的发展，可在任何形状的玉料上雕刻，常用于摆件的雕刻方法。线雕是指线刻、丝雕，常用于雕刻人物的头发等。

（一）翡翠饰品种类及选购

1. 翡翠坠饰

翡翠坠饰，行家也叫翡翠花件，古人称其为玉佩，清代叫别子，一般作为单体垂挂于胸前。《礼记》讲“古之君子必佩玉，右徵角，左宫羽”，这些佩玉在行走时，碰出左右不同的声音，男人佩戴在腰上，女人佩戴在胸前。现代人很少在腰上佩戴饰品了，男女都习惯把坠饰挂于胸前。由于坠饰的题材很多，人们可以根据自己的不同需求选购，所以坠饰的销售占据了翡翠市场的很大一部分。由于中国的传统与文化深入人心，翡翠被作为逢年过节馈赠亲友的最佳礼品，寄托着馈赠者真切的祝福，其中大多数人会首选坠饰。对于翡翠爱好者来说，佩戴一件称心如意的坠饰也是必不可少的。

在已经确定了要购买的坠饰题材前提下，选购时要看料子是否有绺裂，通常可以借助手电观察料子的通透情况以及肉眼不易发现的细微杂质和裂痕。在同等颜色的情况下，尽量选择种水好些，质地致密的料子；在同等种水的情况下，最好选取整体不偏色，不发青、无灰色的料子，且尽量选择雕刻不复杂、简单明了、突出寓意的料子。

翡翠马牌，满色、艳绿、冰豆种

在选取观音、佛时，除看料子外，也要看面相，中国人都讲究缘分，面相投缘更能庇佑自己、带来好运。对于佛教徒而言，观音和佛也有很多讲究，常见的翡翠观音有杨柳观音、合掌观音、滴水观音、送子观音、自在观音等。常见的翡翠佛有弥勒佛、如来佛、福音、罗汉、布袋和尚等，其中形态上又有坐佛和站佛。消费者可根据需求选购。此外，佛肚子上有颜色，通常被称为肚里藏金，是好兆头；但一般不会选取颜色飘到脸上的佛和观音。

花件的寓意丰富，通常根据赠送对象的差异进行选购。

通常送给孩子的花件有四季豆、蝉、望子成龙。四季豆又称平安富贵豆和连中三元，除有保佑富贵安康的意思，还含有学业有成的祝福；蝉的寓意是一鸣惊人，期待着孩子能取得成功，做出惊人的成绩；望子

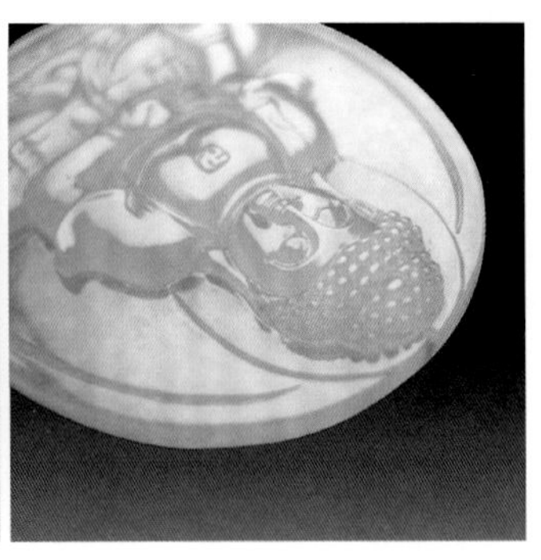

翡翠白冰释迦牟尼牌，种水好，质地细腻，雕工精湛

成龙雕刻的是一条龙望着一只老鼠，寄托了对下一代的无限期望。

作为新婚礼物的花件，通常有龙凤佩、喜鹊、荷花、叶子、麒麟等。喜鹊象征着喜气，喜鹊落在梅花枝头寓意喜上眉梢；荷花寓意和和美美，祝福新人日后夫妻和睦，生活美满；叶子有事业有成、家大业大的含义；相传麒麟是仁兽，是吉祥的象征，能为人们带来子嗣，送新人麒麟则祝福其早生贵子。

送给老人，一般会选取寿星、福寿双全、佛手、龟、鹤、人参等。雕刻着寿桃或者瓜和小动物，如猴子、兔子、老鼠在一起的花件一般统称为福寿双全。桃子象征着平安吉祥，瓜象征着福泽饱满，小动物都是“兽”，与“寿”同音；佛手是种多籽的植物，象征着多子多福；龟和鹤象征着万寿无疆，通常会雕刻在一起，寓意龟鹤延年；人参有长寿之意，同时与“人生”谐音，常与如意雕刻在一起，取其“人生如意”之意。

商业人士对具有招财寓意的坠饰有着浓厚的兴趣，其中貔貅便是首选。貔貅是种凶猛的瑞兽，相传它有嘴无肛门，能吞万物而不泄，只进不出，以财为食，神通特异，招财进宝、开运辟邪。其次，被尊为武财神的关公坠饰，尤其是象征着财富的黄翡关公颇受经商者青睐。此外，马上背着个元宝的雕件也很受追捧，寓意马上有财。

适合所有人群的坠饰有平安扣、路路通、如意、瓜、蝙蝠、竹节、龙头鱼等。蝙蝠象征着福气，通常和铜钱雕刻在一起，寓意福在眼前，五个蝙蝠在一起有“五福临门”之意；竹节寓意事业蒸蒸日上，节节高升；龙头鱼又称鱼化龙，指鱼跃龙门时鱼头已经变成龙头的蜕化过程，寓意着广大的上升空间，生活会越来越富足，前途也越来越光明。

2. 翡翠手镯

手镯，亦称钏、手环、臂环等，是一种戴在手腕部位的环形装饰品。其质料除了翡翠、金、银、其他玉石外，尚有用植物藤制成者。手镯由来已久，起源于母系社会

老种艳绿翡翠手镯，老坑、冰种、圆条，绿色色根盘旋了手镯的三分之二，因水头足映衬出整条翡翠都绿了，是极品收藏翡翠饰品，市场价过千万元人民币

向父系社会过渡时期。据有关文献记载，在古代不论男女都戴手镯，女性作为已婚的象征，男性则作为身份或工作性质的象征。

早在旧石器时代后期，人类佩戴装饰品这一事实已由许多中外出土实物得以证实。在出土于维伦多夫的维纳斯雕像中，小小的手腕部就刻有手镯一类装饰品。在出土于伊斯图里兹的骨雕人像中，也刻有类似手镯的装饰品。在乌克兰迈津出土的实物中，有用猛犸象牙刻的带有装饰花纹的美丽手镯。在里维埃拉海岸的格里马迪出土的实物中，除了用鱼脊椎骨制作的手镯外，还有用贝壳、牡蛎壳、动物牙齿等制作的手镯。

当今，很多人还视手镯为最佳的传家之宝，并留给下一代。随着翡翠原料价格的上涨，翡翠饰品中涨幅最大的当属手镯了。对于翡翠爱好者来说，能购得一只材质和价格都满意的手镯可谓人生一大乐事。

购买手镯时，最好是本人在场，如果送人则以其现有手镯作为参考或者事先询问尺寸，因为手镯存在圈口问题，不经试戴会存在大小不合适的可能。且手镯的圈口不能仅凭佩戴人的胖瘦而定，因为每个人骨骼情况存在差异，有的人虽然手掌很宽，但是骨节很软，能佩戴和其手掌相比小很多的手镯；而有的人虽然瘦，手却很僵硬，只能戴入较大圈口的手镯。通常手镯能戴入除

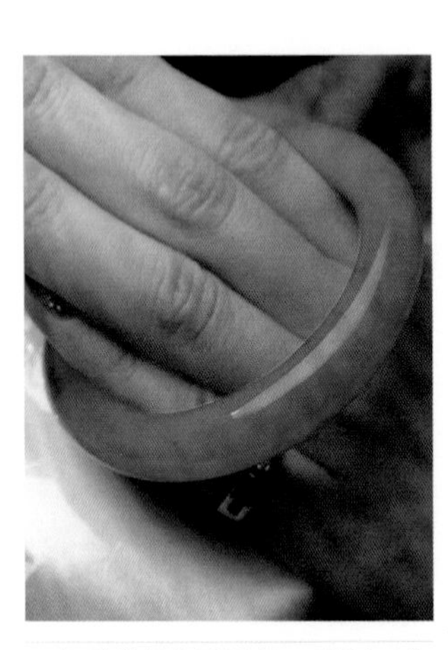

糯种满绿翡翠手镯，质地细腻，颜色鲜亮均匀，条粗料足，是极品收藏翡翠

三彩圆条翡翠手镯，同一只手镯出现绿色、黄色、白色，实属难得；冰种、质地细腻、条粗，也是这只手镯值得收藏的亮点，市场价格过百万元人民币

大拇指的四个手指至虎口处，感觉上稍紧，则这个尺寸就是合适的圈口。有的人不习惯每日摘戴，甚至戴上后不打算再取下，选购时的尺寸可在原来的基础上减 1 ~ 2 毫米即可。试戴时涂一些润手油或套保鲜膜可以减少摩擦，且更容易戴入。

选购手镯时要仔细观察手镯的外圈和内圈是否有裂纹，不要选择有明显裂痕的手镯，尤其是不要有横向的裂纹。裂纹对手镯的价格有着重要影响，一般环绕手镯的纵向裂纹影响不算大，会使手镯价格较正常价格打九折左右。而清晰可见的横向裂纹则是手镯的致命伤，很可能使之出现断裂的情况，从而使价格大大降低，甚至低至一到二折。有些局部金银包镶或雕刻花纹的手镯很可能是为了掩盖其绺裂，所以消费者要特别小心。此外，翡翠毕竟是天然形成的，有些小的纹理和绺裂也在所难免，价格高达百万的手镯也会存在小纹理的可能。

3. 翡翠珠串

珠串流行于清代，是地位和权贵的象征。清代大臣的朝珠有些是翡翠材质的。朝珠是清朝礼服的一种佩挂物，挂在颈项垂于胸前。朝珠由 108 颗珠子贯穿而成，每 27 颗间穿入 1 颗大珠，大珠共 4 颗，称为“分珠”；垂在胸前的叫“佛头”，在背后还有 1 颗下垂的“背云”。在朝珠两侧，有 3 串小珠，左二右一，各 10 颗，名为“记捻”。 由于清朝皇帝笃信佛教，凡是皇帝、后妃、文官五品及武官四品以上，以及侍卫和京官等，均可佩挂朝珠，但一般官员和百姓不能随意佩带。此外，朝珠的质地也象征着官员的等级和身份，且翡翠朝珠不是一般等级的官员能够佩戴的。

清宫旧藏翡翠朝珠

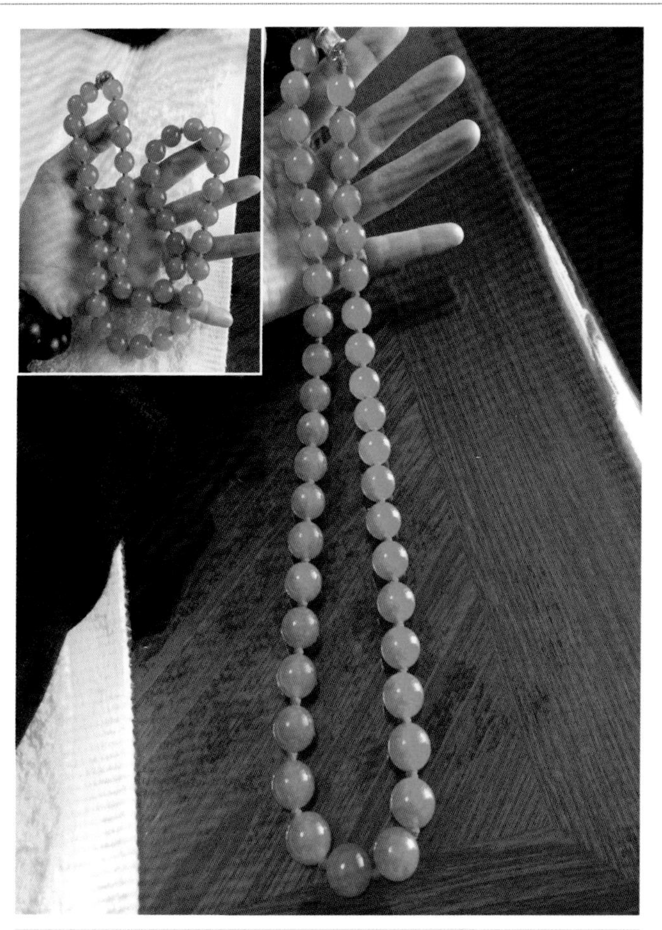

满绿翡翠珠链，颜色鲜亮、底子细腻，且大小一致、绿色均匀

同时，翡翠手串深受上流人士喜爱，流行于达官贵人之间。手串最初源于佛珠，因此传统的手串均为18颗珠子，俗称“十八子”。“十八”指的是佛家的“十八界”，即六根、六尘、六识。六根包括眼界、耳界、鼻界、舌界、身界和意界，六尘指色尘、声尘、香尘、味尘、触尘及法尘，六识指眼识、耳识、鼻识、舌识、身识和意识。有的手串制作更加佛教化，将18颗珠子雕

铁龙生翡翠手串

铁龙生是翡翠的一个种类，其名是缅甸语的音译。因其致色离子铬的含量很高，因此多为满绿。但铁龙生翡翠通常质地粗糙，透明度差。

刻成十八罗汉。现在时尚款式的手串则一改传统的风格，目的在于佩戴好看，珠子的数目不等，但多数为偶数。

目前，大直径颗粒的翡翠珠串收藏多于佩戴，有些明星出席大型公众场合时会佩戴，而多数人很少有佩戴的机会。小直径颗粒的翡翠珠串则多作为项链饰品，而手串相对珠串而言更加流行些。

选购珠串时要先看整体效果，对于相同颜色的珠串要看色调是否均匀一致。一般来说同条珠串上的珠子都来源于同一块玉料，但是玉料的部位不同也会产生颜色和种水的差异。然后要单独看每颗珠子是否有明显的裂纹，打磨得是否精细，形状是否为正球体。对于手串和短珠串来说，应观察每个珠子的大小是否一样。长珠串通常为塔链，即珠子从大依次变小，故应观察尺寸的过渡是否协调，除中间最大一颗，其他对称的两个珠子是否大小一致。最后，还要观察每颗珠子的孔眼是否均匀、平直，以免影响到以后的佩戴及保存。

4. 翡翠扳指

其实，玉扳指早在新石器时代晚期、商周时期就出现了，起初是为拉弓射箭时扣弦用的一种工具，套在射手右手拇指上，以保护射手右手拇指不被弓弦所伤。最初用皮质等一些较软材料制成扳指，其大小较后来的扳指更长，且有槽痕，至战国时期扳指变短。到汉代，扳指演化成了鸡心佩，名为“玉韘”，是取射箭而用之意，带有用来拉弦的小钩，但这时候的扳指已经不能承受拉弓那么大的力量了。直至清朝，扳指演变成圆筒状，一端边缘往里凹，因为其材质更加圆润光滑，所以更加难以用来射箭，而逐渐演变为能够决断事务，具有身份和能力的象征，成为一种流行的配饰。

故宫收藏的翡翠扳指，老坑、阳绿 、细糯种，有色根

2008 年春季香港苏富比拍卖行举办的“中国瓷器及工艺品春季拍卖会”中，共拍卖了 220 多件明清宫廷瓷器及工艺品，总成交额约 4.5 亿港元。其中，清乾隆御制玉扳指经过多轮竞拍，以 4 736 万港元成交，成为当日成交价最高的拍品。这套玉扳指是当时花了 30 年时

老坑玻璃种翡翠戒指，绿色艳丽色浓，种老肉细，用金和钻设计镶嵌成一片叶子，创意独特新颖

间制成的，共7件，其制作工艺显示出乾隆时期宫廷御用器物的基本风格和特点，向人们展现了我国古代源远流长的扳指文化。

现在，翡翠扳指已不采用光滑的套筒样式，而演变为翡翠马鞍男戒的样式，常雕刻成两种新款式：一种为戒指全身均用翡翠雕刻而成，光素无纹，上面的戒头部分有鲜艳的绿色，且两端长度常超出戒环一些，这样戒指显得较美观、大气；另一种款式是将此种翡翠的戒头改为兽头，这样做可以大量采用那些有少量绺裂或棉的原材料，从而降低翡翠的成本。传统的翡翠扳指对现代人来说已没有实用价值，仅仅用于装饰或显示身份的象征，且制作传统扳指耗材太多，工艺复杂。

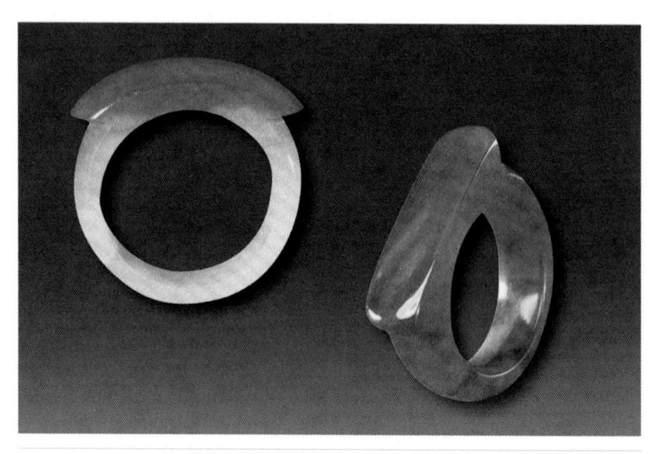

由翡翠扳指演化而成的翡翠马鞍男戒

如今很少有人会选择厚实的扳指戴在拇指上，多数将其作为收藏。但对于形体高大，气质彪悍的男性，佩戴一枚翡翠扳指，更能突出其男性魅力。消费者在购买翡翠扳指时应从原料的种水、颜色，成品的雕工及戒圈四方面进行比较选购。

5. 翡翠摆件

翡翠摆件是指能够摆放在桌子、案几上或庭院之中供人欣赏的一种玉雕形式。大体上出现于宋代，盛于明清两朝。摆件大小不一，小的只有几厘米，大的可有一二米高，重量可达几吨。摆件的题材通常以山水风景人物为主，也有的选取一些吉祥的寓意及神话典故为内容。翡翠摆件的雕工十分复杂，不但要讲求完美自然的表现形式，而且要以料定形，以形寓意。1997 年，在北京翰海秋季艺术品拍卖会上，一件三彩翡翠镂雕葫芦形摆件以 22 万元人民币成交，开创了国内翡翠摆件拍

春带彩翡翠摆件，雕刻有大钱兜，上面趴着五只老鼠，还有一个如意和灵芝、钱币连在一起，寓意“五鼠运财、财源滚滚”

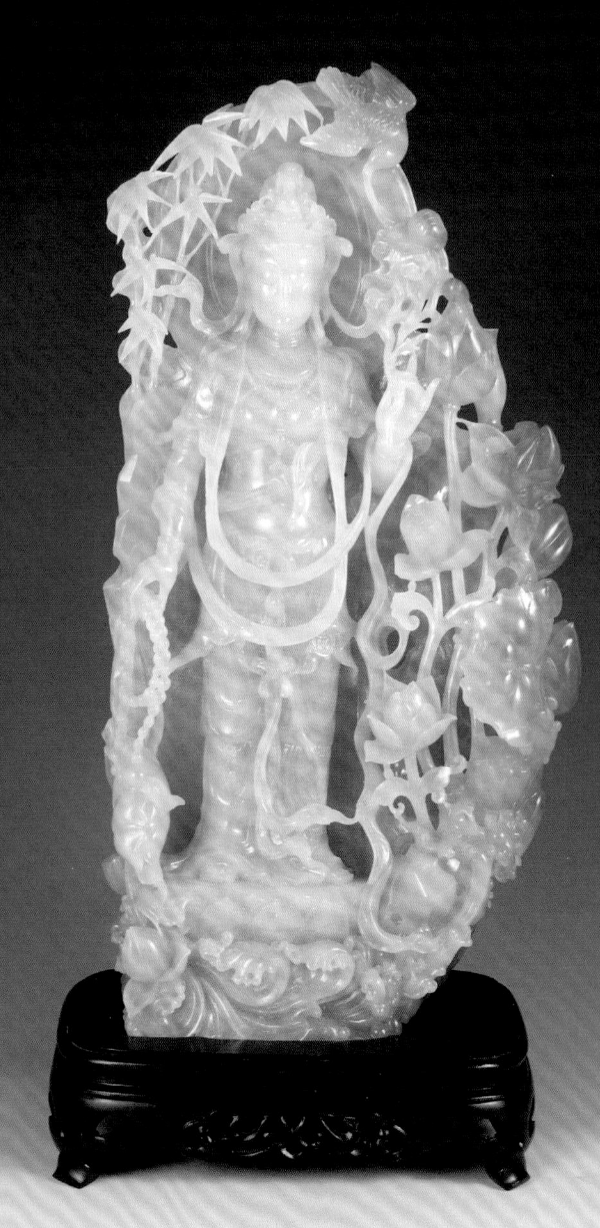

翡翠观音摆件，糯种，地子细腻，俏色分配，雕刻观音玉洁冰清，发丝、手指栩栩如生，竹子、莲花、荷叶、仙鹤精细秀美

卖的先河，也让人们看到了翡翠巧色巧雕的艺术内涵。2004 年，这件翡翠摆件以 280 万元人民币再一次拍出，让人们看到了翡翠摆件的升值潜力。

摆件根据玉料材质的不同价格存在很大的差异，因此不要以为越大的摆件越值钱。通常石料越大，存在绺裂的可能性也越大，也许价格远不及小而精致的摆件。选购翡翠摆件时，首先应该检查摆件表面是否有明显绺裂，大型的摆件或多或少都会有些绺裂或纹理，但需要判断其对整体效果是否有影响，如果是在背面或者寓意不明显之处，可以酌情忽略。其次要结合题材看雕工，如果是观音、佛等人物作品，需要检查面部工艺及发髻、手指、脚趾部分雕工是否精细；对于山水作品，则要观察整体是否有层次感，山水雕刻线条是否流畅，细小植物等雕工是否精细。

翡翠摆件，五子登科，雕工十分复杂精美

6. 翡翠把件

把件就是可以用手拿着赏玩的物件，颇受中老年人群尤其是男士的喜爱。把件在拿在手上把玩的同时，具有按摩穴位的保健作用，所以基本上大小都在400克以内，使单手可以握住。大的把件也可以当作小摆件。

选购翡翠把件时，除考虑玉料本身的种水颜色外，还应从尺寸、题材、雕工等方面考虑。把件的尺寸通常根据消费者自身手掌的大小挑选，刚好能握在手掌之中，感觉舒服最重要，太大的把件易磕碰，且携带不便。把件的题材也很多，经常看到的有罗汉、布袋和尚、寿星、白菜、如意、花生和貔貅等，可结合自身需求和喜好进行挑选。雕工好的把件握起来是有手感的，其雕刻线条轮廓须过渡自然、圆滑饱满、比例适当。此外，观察整体是否有美感的同时，还要细心检查雕刻细节。

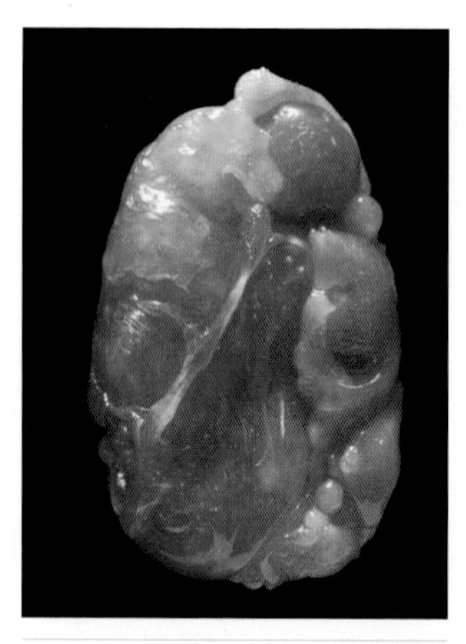

翡翠摆件雄霸天下，冰种，蓝色部分雕熊，丝丝毛发鲜明，寓意霸气天下；黄色部分雕鱼和荷花，寓意生活和和美美、如鱼得水

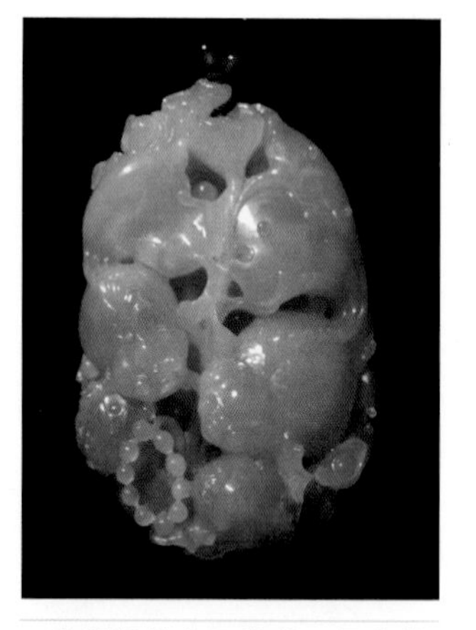

翡翠摆件金玉满堂，糯冰种，紫罗兰色，质地细腻温润，工艺精美

由各色翡翠罗汉组成的手串

7. 翡翠镶嵌饰品

在众多的褒义词汇中，有较多含有“金”和“玉”的脍炙人口的词语，如金玉满堂、金科玉律、金口玉言、金枝玉叶、金玉良缘、金马玉堂、金童玉女等，这些体现了人们对于金和玉的褒奖和赞美。“金”在《说文》中是这样解释的：“金，五色金也。黄为之长。久埋不生衣，百炼不轻，从革不违，西方之行，生于土，从

18K 白金镶翡翠，用白冰翡翠戒面镶成鱼，绿色翡翠戒面为水泡，白金和钻石连接成水波，设计新颖时尚

土左右。象金在土中形。”这代表金是古代中国最为贵重的金属，与高贵典雅的玉石组合在一起寓意着大富大贵，大吉大利。

金镶玉是近代较为流行的一种翡翠饰品的制作方法，金玉组合的镶嵌，是华贵与内涵的完美结合，也是东方玉文化与西方首饰文化的有机融合。金镶玉分为两种：一种是把金镶嵌在翡翠上；另一种是用 18K 金、14K 金或 9K 金当底托，来托衬和保护翡翠。这样做的好处是既衬托了翡翠鲜艳的颜色，同时对翡翠本身也起到了保护的作用，避免因磕碰和撞击使

18K 镶嵌钻石翡翠观音，老坑、玻璃种、祖母绿色，满色，工艺精湛，观音体态祥和，是一件完美的收藏级翡翠

翡翠受损。翡翠的镶嵌饰品代表了近现代的翡翠时尚，令众多翡翠爱好者为之痴迷。

老坑玻璃种帝王绿翡翠吊坠，蛋面饱满，用料厚实，完美无瑕，是拍卖行里争先抢夺的收藏品

翡翠镶嵌饰品通常有挂坠、戒指、项链、耳钉、耳坠等。上好的镶嵌工艺自然必不可少，但首先最重要的还是作为主题的戒面的挑选。挑选蛋形戒面时，要尽量选择厚度大些的，呈半个蛋一样凸起的为最佳。对于其他形状的戒面，也要尽量挑选有一定厚度，打磨均匀对称的。要各个方向全面地检查戒面是否有绺裂和瑕疵。用于做耳钉和耳坠的戒面，要比对左右两颗的颜色和种水是否一致，形状大小是否相同。

（二）翡翠的造型寓意

翡翠作为寄托人们美好愿望的艺术品，其寓意的表现方式主要有以下两种。

谐音取意。在汉语里，一个读音可能有好几个汉字，能表达许多个意思。利用语音的相同和近似便可以取得一定的修辞效果。

古诗中常见谐音双关，比如“道是无晴却有晴”之“晴”与“情”的双关；“他朝有意抱琴来”中的“琴”与“情”双关。玉石雕刻的吉祥物中也有许多寓意是因其原物名称与吉祥主题在意思上相同或相近而生成的。

例如，寿：寿石，绶鸟；福：蝙蝠，佛手；禄：鹿，鹭；福禄：葫芦；喜：喜鹊，喜蛛；贵：桂花，桂圆；百：柏，百合。

古汉语取意。指的是通过与古代诗词或成语典故的相关性来表达寓意。

例如，《尚书·洪范》曰："五福，一曰寿，二曰富，三曰康宁，四曰修好德，五曰考终命。"于是，五只蝙蝠组成的图案自然象征了这五种福气。

常言道："寿比南山不老松"，于是松象征着健康、长寿。

诗人杜甫在《进艇》一诗中有这样的句子："俱飞蛱蝶之相逐，并蒂芙蓉本自双"。此后，以一段白藕生出若干莲叶及莲花的图案象征着夫妻恩爱，形影相随，同心到老。

"榴开百子"，以石榴构成的图案，借以喻"多子"，取其子孙繁衍，绵延不断之吉祥寓意。

《淮南子·说林训》中记载："鹤寿千岁，以极其游。"民间视鹤为长寿之禽，故有"鹤寿"之说。凡有鹤的图案寓意"鹤寿延年"，象征长寿。

有句玉器界的行话，叫"玉必有工，工必有意，意必吉祥"。玉文化能够流传至今的原因之一是人们通过玉不同的造型，赋予玉各种各样美好吉祥的寓意，每块玉中都孕育着人们对幸福美好的追求和渴望。吉祥的造型来自于人们的信仰、民间传说以及动植物名称的谐音和暗喻等。对于传统的翡翠玉雕图案，主要分为四个大类：佛和观音、人物、动物、植物与其他。

1. 翡翠佛像寓意

① 弥勒佛。佩戴弥勒佛翡翠饰品的，大部分为虔诚的佛信徒，心中有着对佛祖崇高的敬意，相信佛祖自然

会保佑信徒们平安、顺心，并帮助他们驱邪、除恶，为心灵建造一个安宁的港湾。

② 福音。一般福音为成双成对，可夫妻或同胞共戴，代表同心。寓意着有好消息不断传来，除了传统寓意上的保平安、驱邪外，还代表着迎接喜悦与幸福的到来。

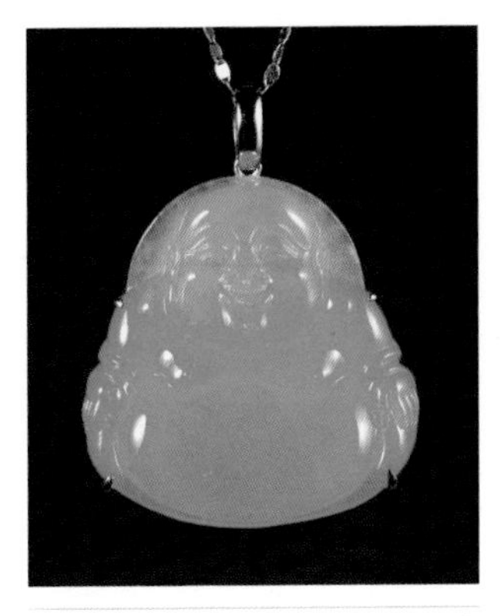

翡翠佛，阳绿，满色，质地细腻

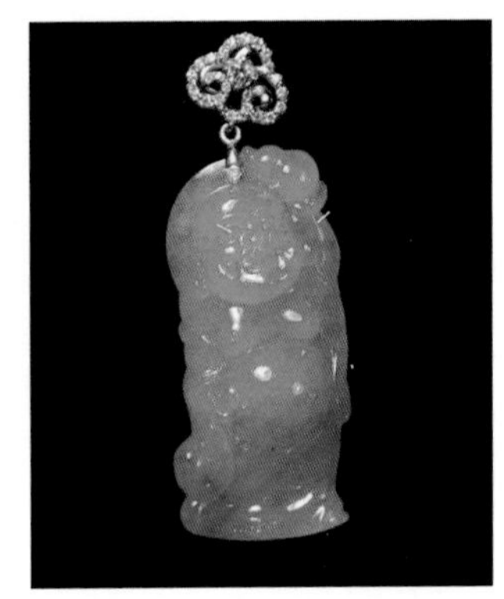

翡翠福音，满绿，质地细腻温润，站佛左手拿了个葫芦，代表着福禄将至，幸福来到

③ 观音菩萨。传统上观音与佛一样，都是保平安、驱邪的寓意。

满绿坐观音

满绿站观音

④ 千手千眼观音。现存的千手千眼观音像大多数用四十手眼来代表千手千眼。四十手加上胸前合十的两手，以四十二手的造像最为常见。四十手眼一一济度二十五有，则刚好一千，而成千手千眼。这是用形象化的夸张手法显示了观音慈悲的无比广大。

春带彩千手千眼观音摆件

⑤ 文殊菩萨。文殊是外来语，全称文殊师利，这是梵文的译音，意思是“妙德”“妙吉祥”。文殊在一般寺庙里通常作为佛祖的左胁侍，专管智慧，表“大智”，文殊的坐骑是一头青狮，表示智慧威猛，手持宝剑，表示智慧锐利。

⑥ 自在观音。自在观音相对于传统观音来讲，体态更为自由，可侧坐着，可半躺着。体态优美，佛姿更雅。

翡翠文殊菩萨，高冰、种老、起莹光

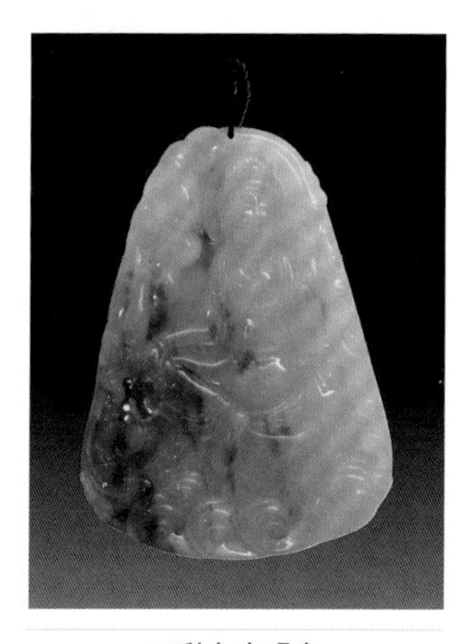

三彩自在观音

2. 翡翠雕刻人物寓意

① 刘海戏金蟾。《刘海戏金蟾》是民间广泛流传的神话故事，刘海被人们视为聚钱撒财之神。刘海 16 岁登第，50 岁至相位，出家后应为一白发老人，而且相貌清癯，不修边幅。但在民间版画中，刘海却被彻底地返老还童了，他成了个丰满可爱的胖小子模样，并且成双成对，穿红披绿，笑逐颜开，两手各提一串金钱，画面再配以三足金蟾、喜蛛、荷花、梅花，象征着欢天喜地、生活富裕。旧时结婚时人们常张贴此类画，以取吉利，

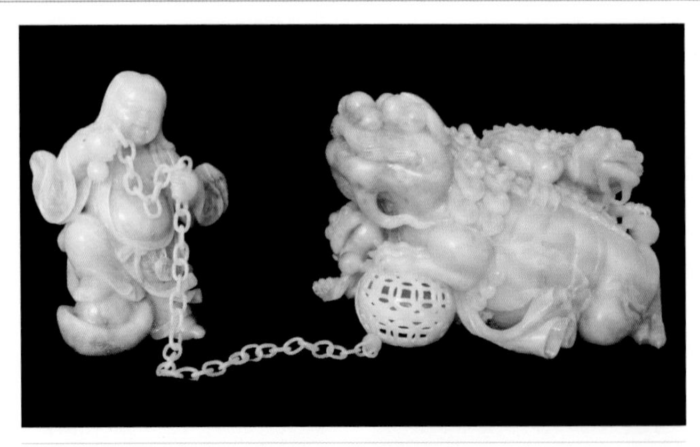

翡翠刘海戏金蟾摆件

表示日子越过越发，富裕美满。

② 和合二仙。一般《和合二仙》雕刻为寒山与拾得两个和尚的形象，寒山手捧一圆盒，拾得手持一荷花，二人相视而笑，造型古朴，栩栩如生。在中国民俗中，常以象征手法和谐音双关来表达某种寓意，二仙手持“盒”与“荷”，同“和”“合”谐音，即取“和合”之意。“和合”一词又有同心和睦、顺气，取“和

翡翠和合二仙，黄色、绿色、白色三彩巧雕分色，质地细腻，俏色艳丽，雕刻为寒山与拾得两个和尚返老还童的形象，寒山手捧一圆盒，拾得手持一荷花，造型古朴，栩栩如生，代表婚姻与合作和合之意

谐好合”之意，也代表婚姻与合作“和合”之意。后也有演化为两个蓬头笑面、逗人喜爱的孩童形象的，有“和气及众合，合心则事和”之意。

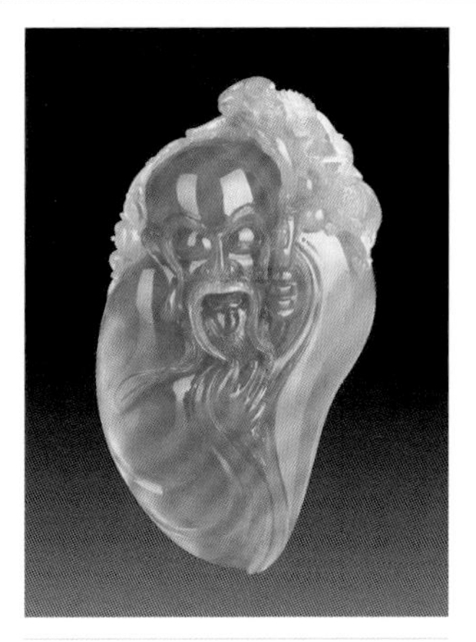
料佳、工美的翡翠全绿寿星

③ 寿星。大部分的寿星玉雕都雕成身量不高，一手拄着龙头拐杖，一手托着仙桃，脑门儿凸出，慈眉悦目，笑逐颜开，白须飘逸，长过腰际的慈祥和善的长者，代表着对长者的尊敬，也是一种吉祥、长寿的象征，是馈赠老人的佳品。

④ 财神。有文武之分。其中，比干、范蠡是文财神，赵公明、关羽为武财神。

⑤ 钟馗。钟馗翡翠挂件适合公安、质检、司机，及从事危险行业的人佩戴。有驱邪挡灾、保佑平安之意。

冰种黄翡财神

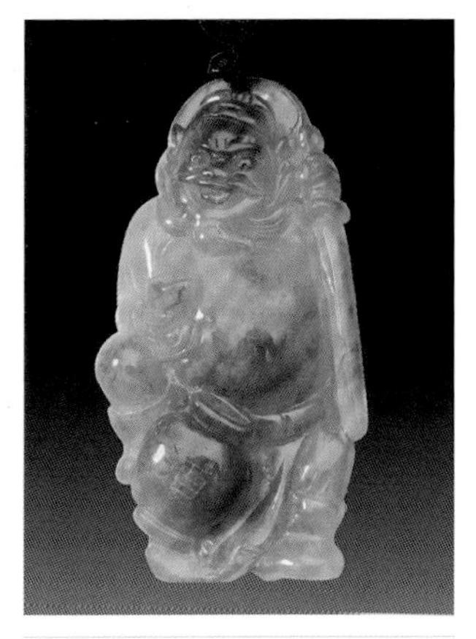
巧色钟馗翡翠挂件

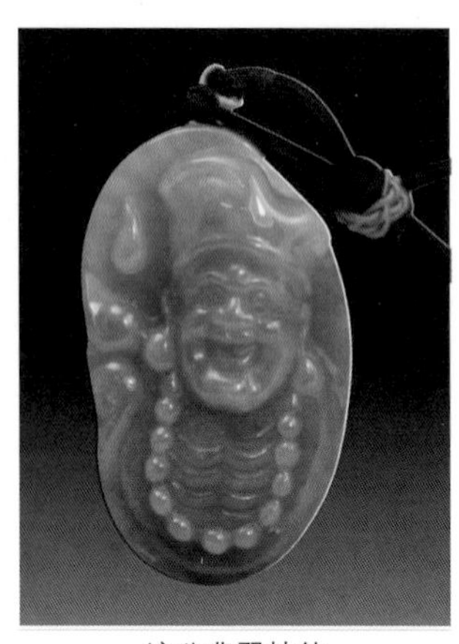
济公翡翠挂件

⑥ 济公。济公是个专管人间不平，又神通广大的传奇人物。济公的翡翠塑像十分奇特，身穿破僧衣，手拿一把破扇，面部表情十分生动。从三个不同角度欣赏，有三种不同表情：从左面看，满脸笑容，叫做“春风满面”；从右面看，满脸愁容，叫做“愁眉苦脸”；从正面看则更有意思，半边脸哭半边脸笑，所谓“半嗔半喜”“哭笑不得”“啼笑皆非”。

⑦ 善财童子。简称善财，是佛教菩萨名。据佛经说，福城长者有 500 个儿子，善财是其中的一个小儿子。善

翡翠小摆件，花生、童子、莲花、枣，寓意“早生贵子”；也可理解为善财童子送福来，财源滚滚、生生不息

财出生时虽有无数财宝白白送来，但他却看破红尘，天生不爱财，视金钱如粪土，认定万物皆空，发誓要修行成佛。

民间对善财的来历不很了然，便望文生义，以为他是善于理财。随着历史的演化，善财也引申为聚财之意。

⑧ 天官。玉雕中常有“天官赐福”这一寓意，亦称“受天福禄”。天官名为上元一品赐福天官，紫微大帝，隶属玉清境。每逢正月十五日，即下人间，校定人之罪福。故称天官赐福。农历正月十五日为上元节，民间传说是天官下降，赐福人间之日。通常由天官和展翅飞翔之蝙蝠构成图纹，借“蝠”寓“福”。亦有天官手持字轴为纹饰者，上书“天官赐福”四字。

翡翠天官赐福雕像（故宫藏品）

⑨ 八仙。八仙是民间广为流传的道教八位神仙，传说八仙分别代表着男、女、老、少、富、贵、贫、贱。常有“八仙庆寿”的传说，亦称“群仙庆寿”“八仙祝寿”等。八仙每人都有一至二样宝物或法器，一般称为“暗八仙”或“八宝”，均代表吉祥之意。其中较为通俗的八宝为：芭蕉扇、葫芦、花篮、荷花、剑、笛子、鱼鼓和玉板，分别归钟离权、铁拐李、蓝采和、何仙姑、吕洞宾、韩湘子、张果老和曹国舅所有。八仙相聚，把酒祝寿的情景常被用作玉雕图案。

翡翠玉雕八仙过海

翡翠玉雕达摩

⑩ 达摩。印度高僧菩提达摩在少林寺首创禅宗，被尊为初祖，少林寺也成为禅宗祖庭。寺内的达摩亭和寺西北的初祖庵都是为纪念达摩祖师而建。初祖庵大门两边有一副石雕对联："在西天二十八祖；过东土初开少林。"对联概括了达摩的身世。按"西天"禅宗的传承关系，达摩是第28世，他来到"东土"后，成为中国禅宗祖师爷，少林寺成为中国禅宗的发祥地。

3. 翡翠雕刻动物寓意

① 十二生肖。又叫十二属相，是中国与十二地支相配的人的出生年份的十二种动物，包括鼠、牛、虎、兔、

龙、蛇、马、羊、猴、鸡、狗、猪。

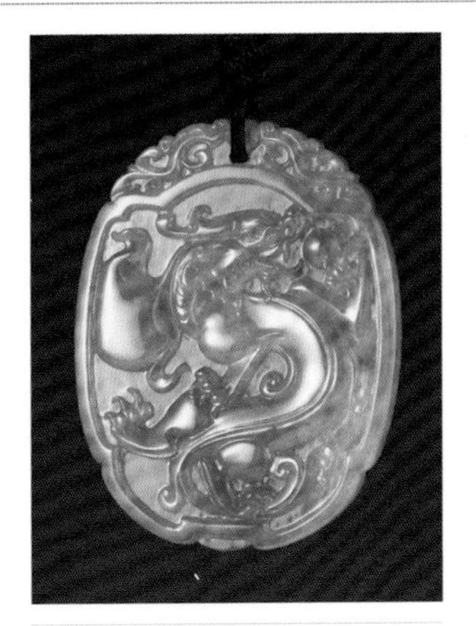

满色翡翠龙牌

② 龙。中国四大灵兽是龙、凤、麒麟和龟，其中龙是神兽之首，也可以说是中华民族最大的神物。几千年来，它是影响着中国人世世代代的吉祥图腾文化。龙象征着权势、高贵、尊荣和吉祥。在古代，上至皇帝、下至百姓、朝野内外都尊其为动物之长乃至万灵之长。

冰种翡翠凤凰

③ 凤凰。是中国传说中的瑞鸟，是“四灵”之一，被尊为百禽之王，百鸟之长。《大戴礼·易本命》讲：“有羽之虫三百六十而凤凰为之长。”它与龙一起构成了中国最传统的龙凤文化。古人认为，凤凰生长在东方的君子之国，翱翔于四海之外，只要它在世上出现，天下就会太平无事。因此，凤凰是祥和、富贵、永生的象征。凤凰经常和龙一起雕刻，称为龙凤呈祥。

④ 麒麟。亦作“骐麟”，为传说中的仁兽，也是“四灵”之一。象征着吉祥、聪慧、富足、美满。

⑤ 龟。宋代著名诗人陆游讲龟有“三义”：贵、闲、寿。龟象征着健康长寿，是“四灵”中唯一真实存在的生物。属我国古代动物分类中的“鳞介”部。龟腹背都

冰黄翡翠麒麟，象征着吉祥、聪慧、富足和美满

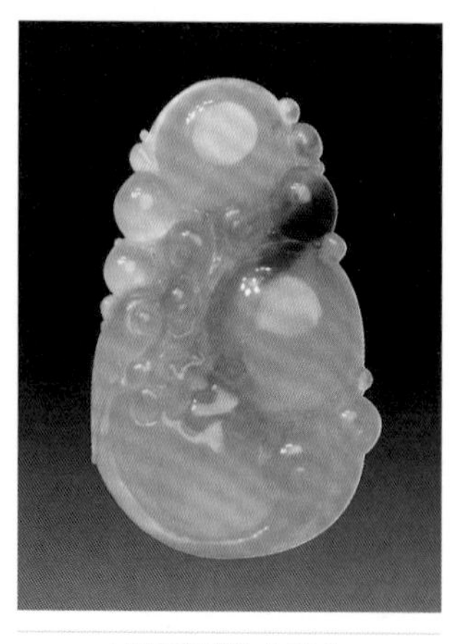

冰种翡翠独占鳌头

有硬甲壳，头尾和四肢都能伸缩入甲壳内，耐饥渴，寿命很长。“龙头龟”是翡翠花件中常见的题材。“龙龟”与“荣归”谐音，有“衣锦还乡，荣归故里”之意。

⑥ 貔貅。是一种瑞兽，和龙、凤、麒麟一样都不存在于现实生活中。关于貔貅的传说非常的多，相传它是

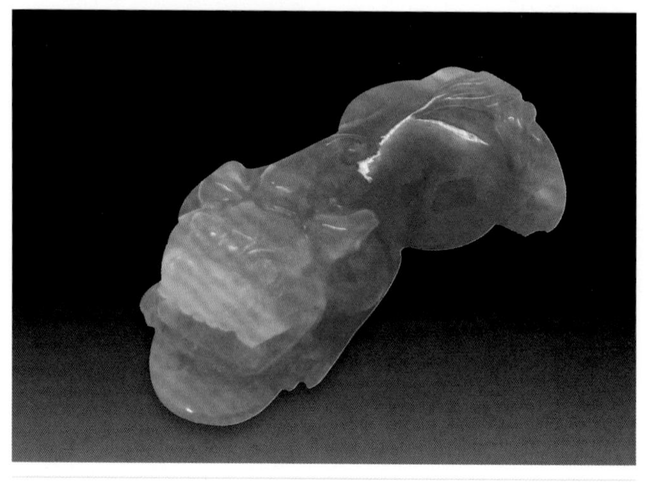

满色翡翠貔貅

龙的第九个儿子，生性凶猛，喜欢吃财宝，能腾云驾雾，号令雷霆，降雨开晴；还相传有辟邪挡煞、镇宅护居之威力。龙生九子，神通不一。其九子貔貅，胜父千倍，长大嘴，貌似金蟾，披鳞皮，甲形如麒麟，取百兽之优，可招八方来财，肚子是个聚宝囊，神通广大。另相传貔貅是玉皇大帝的宠兽，有一天在上朝的时候因惹怒了玉皇大帝，玉皇便一掌重重往它屁眼打下去，从此它就成了一个有嘴无屁股、吞万物而不泻，只进不出的瑞兽了。从此，貔貅以财为食，纳食四方之财，同时貔貅还具催官运之寓意。

⑦ 三脚金蟾。是瑞祥之物，特别之处是它只有三条腿。相传，三脚金蟾所到之处，那里的人必定都会富裕起来。此金蟾到了那所宅院，该宅的人便会财源广进、飞黄腾达。

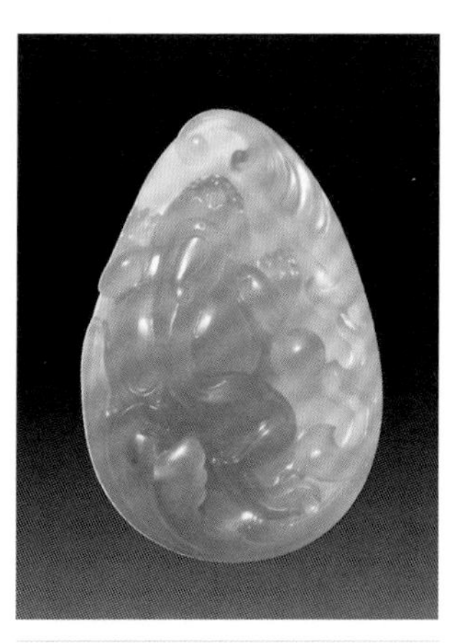

老坑冰种黄翡三脚金蟾，种老肉细，颜色鲜艳，雕刻精美。传说，三脚金蟾所到之处，那里的人必定都会财源广进、飞黄腾达

⑧ 鱼。“鱼”与“余”同音，象征着生活富足，家境殷实。在玉雕中，鱼常与其他纹图一起表达更多吉祥的寓意，如“连年有余”“双鱼吉庆”“年年如意”“金玉满堂”“鱼化龙”“渔翁得利”等。

⑨ 蝙蝠。是一种会飞的哺乳动物，它昼伏夜出，传说寿命可长达千岁。所以，古人言得蝙蝠即得福得寿之意。蝙蝠是玉雕中最为传统的图案之一，“蝠”与“福”同音，象征着福气。

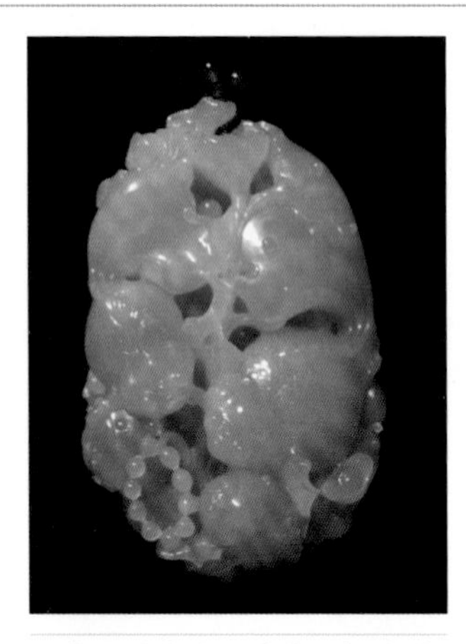

紫罗兰翡翠，蓝紫，糯冰种，质地细腻，金鱼、莲花，寓意“金玉满堂”

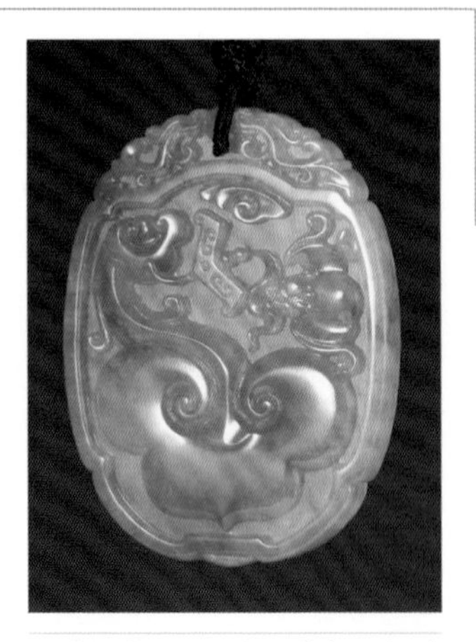

满绿翡翠，如意、蝙蝠，组成福禄如意

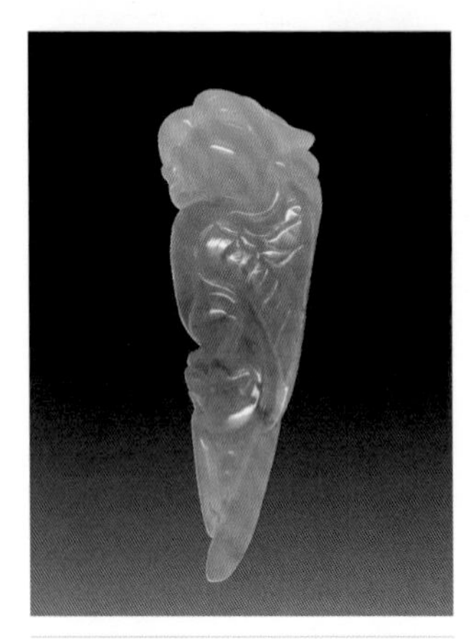

种好飘蓝花挂件，鹦鹉的寓意为“应有尽有”

⑩ 鹦鹉。与“英武”二字谐音，有英明神武之意。鹦鹉也被称为富贵鸟，象征着财富。鹦鹉和钱袋构成的图案有“应有尽有”之意。

⑪ 喜鹊。俗称喜鹊为喜鸟，古时候也被叫做“神女”。喜鹊象征着喜气，喜鹊飞在梅花枝头的纹图寓意“喜上眉梢”；两只喜鹊飞在门口的纹图寓意“双喜临门”；喜鹊和莲花雕刻在一起的纹图寓意“喜得连科”；喜鹊面前有古钱的纹图寓意“喜在眼前”；喜鹊和三个桂圆的纹图寓意“喜报三元”；天上喜鹊、地下獾的纹图寓意“欢天喜地”。

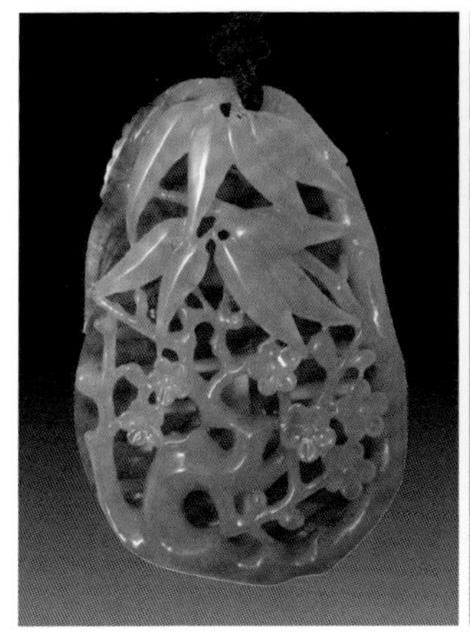

翡翠喜鹊牌子，镂空雕刻，巧妙分色，把黄色和红色巧妙分在两面，一面镂空雕刻梅竹，一面镂空雕刻双喜和对鹊，寓意"喜事登门，好事成双"

⑫ 獾。翡翠雕件中经常出现一种耳壳短圆，眼小鼻尖，颈部粗短，既像猴子又像松鼠的小动物。这种动物叫作"獾"，与"欢"同音，代表欢乐，寓意"欢欢喜喜"。此外，獾常与喜鹊雕刻在一起，有"欢天喜地"之意。

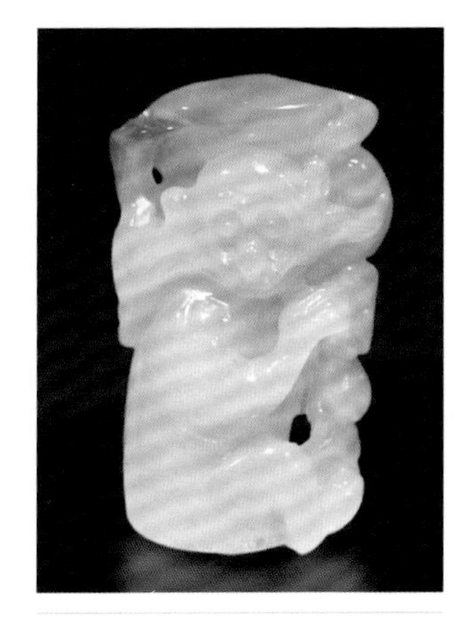

翡翠獾猴

⑬ 鸳鸯。是美满爱情和忠贞不渝的象征，代表着忠贞不渝、和谐美好。由于鸳鸯象征着夫妻生活的幸福美满，因此带鸳鸯图案的玉雕作品经常作为馈赠新人的礼品。

⑭ 鸭。明清科考制度中，殿试考生成绩分为三甲，"鸭"与"甲"谐音，左偏旁又是"甲"，因此有"一甲一名"之意，适合考生佩戴。

翡翠鸳鸯，玻璃种，起莹光，偏蓝水，雕刻一对鸳鸯、睡莲、桃心，代表爱情忠贞不渝、和谐美好

故宫藏翡翠鸭子

冰种翡翠蝉

⑮ 蝉。古人认为蝉远离地面，独孤而清傲，不食人间烟火，只饮露水，是高洁的象征。因此，古人佩戴玉蝉以明志，显示了高洁的人格。此外，蝉也寓意着富贵吉祥。因为“蝉”与“缠”同音，所以把蝉的饰物挂在腰带上有“腰缠万贯”之意，可使佩戴者财源广进、吉祥如意。因为蝉具有“蜕变高鸣”的特征，所谓“不鸣则已，一鸣惊人”。因此，蝉的翡翠挂件适合考生和小孩子佩戴，能让他们发奋努力，争取考得优异的成绩，积极进取，不断进步。 蝉又名“知了”，常言道“千金易得，知音难求”，因此，蝉也有觅知己，寻知音之意。

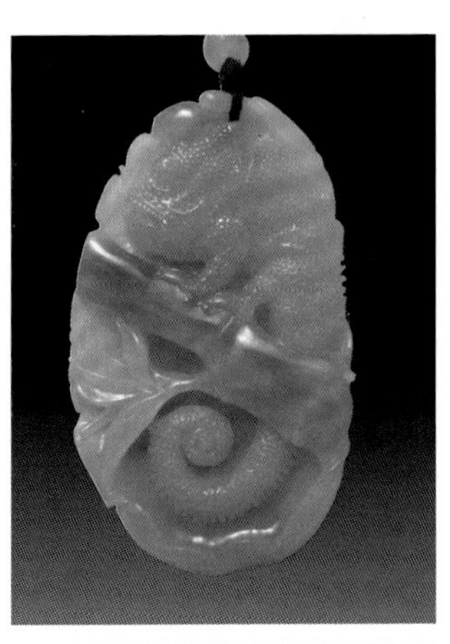

翡翠蜥蜴，糯种带绿色色根，质地干净细腻，揭阳工，工艺精湛，栩栩如生

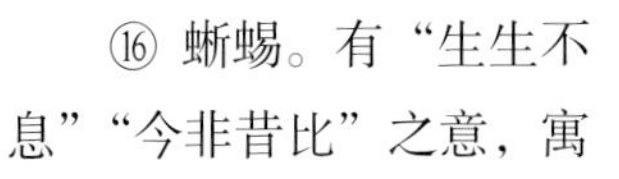

⑯ 蜥蜴。有“生生不息”“今非昔比”之意，寓意事业兴隆，财源广进。蜥蜴又称变色龙，因此也有“随机应变”的意思。

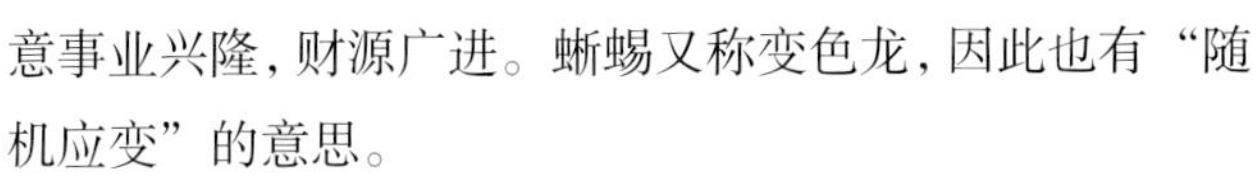

⑰ 螃蟹。横着行走，霸气十足，因此有“横行天下，八方来财”之意。佩戴螃蟹玉雕寓意“招财进宝”“财源广进”。

翡翠螃蟹，俏色巧雕，栩栩如生

⑱ 孔雀。在玉器雕刻中，孔雀的图案秉承了古老的寓意。如吉祥图案为珊瑚瓶中插孔雀花翎，称为“翎顶辉煌”或“红顶花翎”，取祝愿官运亨通、加官晋爵的寓意。又如，把孔雀与古钱组合在一起，有吉祥如意的寓意。在古代，新婚洞房常贴这样的对联：“屏中金孔雀，枕上玉鸳鸯”，孔雀与鸳鸯同为美好爱情生活的代表。而在现代，人们也常选择雕有孔雀或鸳鸯图案的翡翠来赠予新人，表达美好的祝福。

⑲ 鹤。在中国为吉祥物，有着多方位的文化意蕴。

鹤图为“高升与权贵”的代表。在中国古代，鹤被称为“一品鸟”。明清官服的补子纹样中，文官一品均为仙鹤。吉祥图案有“一品当朝”“一品高升”;又有“指日高升”，为日出时仙鹤飞翔的纹图。

鹤图还有“长寿”之意。《相鹤经》称鹤“其寿不可量”,《淮南子》曰：“鹤寿千岁，以极其游”。《花镜》也云：“鹤生三年则顶赤，七年羽翮具，十年二时

翡翠孔雀山子

黄翡挂件，松树和鹤都是长寿之物，松鹤延年有延年益寿、长命百岁之意

鸣，三十年鸣中律，舞应节。又七年大毛落，氄毛生；或白如雪，黑如漆，一百六十年则变止，千六百年则形定，饮而不食。”在传统观念中，鹤与龟同为长寿之王，鹤与松同为长寿之龄。

⑳ 蜘蛛。在古人眼中，蜘蛛的出现代表着喜事到来的征兆，因而蜘蛛又有了“喜蛛”之称。蜘蛛又谐音“知足”，所谓知足常乐。现代玉雕常喜欢把蜘蛛雕在一个人的足上，寓意“知足常乐”；而足也代表着人生的步伐，蜘蛛有喜悦之意，趴在人足上面，有“人生步步是惊喜”的寓意。而玉雕中为网上吊悬着蜘蛛的纹图则寓意为“喜从天降”。还有，蜘蛛吊垂于巢下，其下有枇杷、蒜、樱桃及菖蒲的纹图，寓意为“天中集瑞”，或称为“天中瑞结黄金果”。

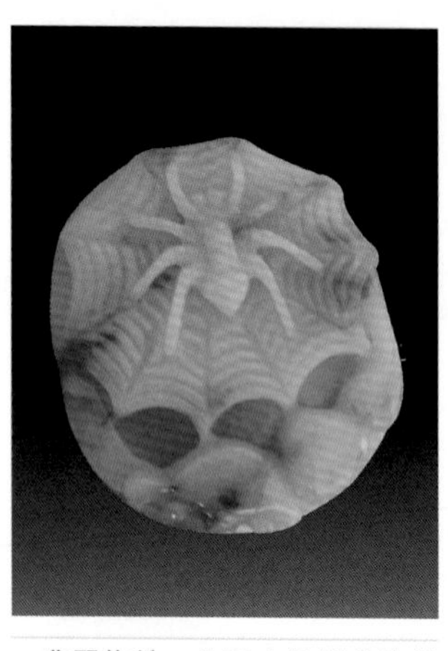

翡翠蜘蛛，为网上吊悬着蜘蛛的纹图，寓意为“喜从天降”

㉑ 蝴蝶。《礼记》云：“七十曰耄，八十曰耋，百年曰期颐。”因“蝶”与“耋”谐音，故以蝴蝶图纹寓意长寿。耋泛指年高，特指八十岁。以蝴蝶为吉祥图案作为翡翠玉雕的作品很多，如以猫、蝴蝶和牡丹的纹图寓意

18K 金镶嵌钻石翡翠蝴蝶，满色、种嫩，用的翡翠片料较薄

“耄耋富贵”；以瓜和蝴蝶的纹图寓意“瓜瓞绵绵”；以寿石配合菊花、蝴蝶和猫组成的纹图寓意“寿居耄耋”和“寿登耄耋”。

4. 翡翠雕刻植物与其他寓意

① 岁寒三友。指的是松、竹、梅。松被视为百木之长，常青之树，被赋予延年益寿、常青不老的吉祥寓意，象征着青春永驻、健康长寿。竹是历代文人雅士所喜爱的植物，古往今来有很多歌咏竹的诗句。竹不柔不刚、亭亭玉立、婆娑有致、清秀素洁，具有一定的审美价值。此外，竹有“节节高升”的意思，如果竹节上趴着一只动物，寓意为“高寿”。梅在冬春之交开花，“独天下而春”，因此有报春花之称。寒梅报春是吉祥喜庆的征兆。松竹梅共同的特点是不畏严寒，因此，松竹梅被誉为“岁寒三友”。

翡翠“岁寒三友”摆件，满色艳绿，老坑种好，雕刻梅、菊竹、松岁寒三君子，松象征常青不老；菊和竹象征君子之道；梅花傲骨迎风，挺霜而立，象征冰清玉洁，彰显君子的高尚品格

② 葫芦。葫芦被视为祈求子孙万代的吉祥物，它与“福禄”谐音，象征着福气和财富。葫芦藤蔓茂盛，缠绕绵长，有长长久久之意；并且“蔓带”与“万代”谐音，寓意千秋万代。同时，葫芦是多子植物，结实累累、籽粒繁多，是子孙众多、多子多福的象征。在翡翠雕件中，通常在葫芦上雕有一只瑞兽趴着，寓意“福禄寿”。

紫罗兰翡翠葫芦

③ 灵芝。古人视灵芝为神物，称其为仙药，并且演绎出了很多神话传说。古人认为灵芝的出现

老坑满绿翡翠如意摆件，料大厚足，满色艳绿，种老肉细，采用镂雕去杂去黑的方式巧妙完美地呈现了古灵芝的造型，工艺精湛，是难得的收藏珍品

预兆着国泰民安。《神农本草》记载："王者仁慈，则芝草生玉茎紫笋。"《瑞应图》记载："芝英者，王者德仁则生。"此外，"芝"与"兰"是齐名的香草，灵芝与兰花组成的图案为"君子之交"。灵芝的外形演化成了我们现在常见的如意，有"称心如意、事事顺利、繁荣昌盛"之意。

翡翠瓜吊坠，满色阳绿，冰种，形态简单饱满，为翡翠收藏中的上品

④ 瓜。为蔓生植物，与葫芦一样，结籽多，藤蔓绵长，被视作吉祥物，象征着多子多福。以瓜为题材的翡翠挂件象征着吉

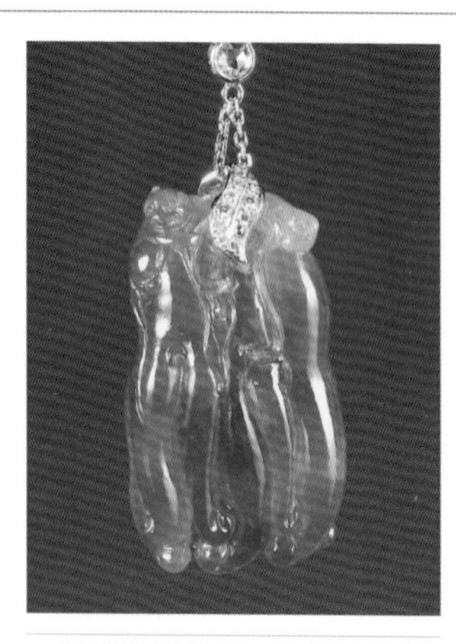

翡翠满绿佛手，冰种，阳绿，满色，无瑕疵，造型新颖大方

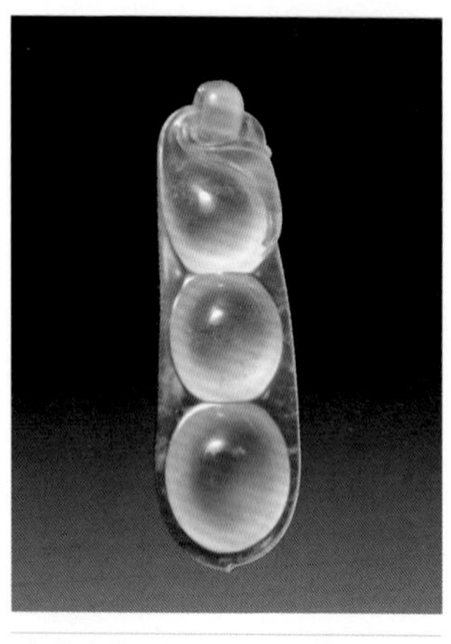

玻璃种翡翠豆，也叫“连中三元”

祥如意，好运连绵，福如东海。由于瓜与葫芦同样有“福禄”的意思，因此动物与瓜组成的花件也称为“福禄寿”。

⑤ 佛手。形似人手，前端开裂，分散如手指，拳曲如手掌。因为奇特的形象，使人们联想到了佛祖的手，认为它象征着吉祥如意、诸事顺利。由于佛手多指，“指”与“子”谐音，“佛”与“福”谐音，因此，佛手也有“多子多福”之意。

⑥ 四季豆。又称平安四季豆，寓意一年四季平平安安。此外，豆荚饱满象征着荷包满满，生活富裕。这类翡翠吊坠通常有三颗豆，称为“连中三元”，指在乡试、会试与殿试中均取得第一名，即集解元、会元、状元于一身。“连中三元”是才高八斗、学富五车的象征。中国古代的科举制度中仅仅有 17 人曾连中三元。

⑦ 花生。又名“长生果”，被视为吉祥之果。有“长生不老”之意。花生与枣组成的花件寓意“早生贵子”；花生与龙雕在一起则寓意“生意兴隆”。

⑧ 玉米。象征着丰收喜庆，常与猴子、松鼠等动

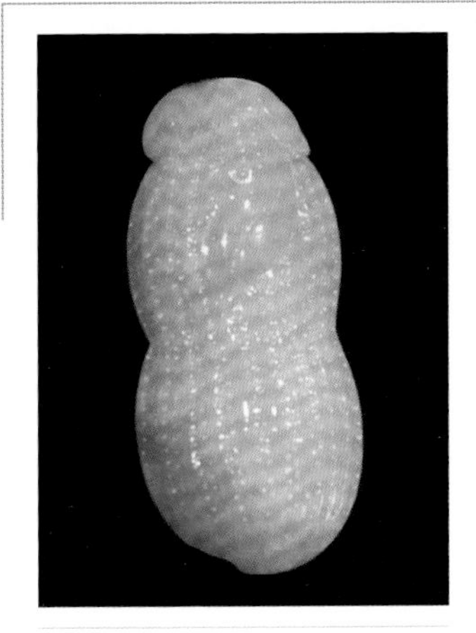

翡翠花生，寓意“长生不老”

翡翠玉米，俏色巧雕，新种，水短

物雕在一起。此外，玉米的籽粒很多，有“多子多福”“一本万利”之意。

⑨ 人参。是种名贵的补药，久服可以健身延年，在我国的药用历史已有约四千年。据史书记载，人参寿命长达400年左右，因此被视为仙药，象征着健康长寿。“人参”与“人生”谐音，人参的须又多又长，象征着人生百态、生生不息。以人参和如意为造型的翡翠挂件、摆件很多，寓意“人生如意”。

翡翠人参，颜色鲜艳，有色根，料子块头大，雕工精美，人参和如意，寓意“人生如意”

⑩ 白菜。被誉为“百菜之王”，与“百财”谐音，有聚百财、招百财之意，同时又与“摆财”谐音，因此常雕刻成摆件放在宅内用以招财进宝。白菜的颜色洁白，

冰种黄翡白菜挂件，寓意“清清白白、纳百家财”

18K镶嵌黄钻的翡翠桃心吊坠，种好，色匀，阳绿满色，无瑕疵

有“坚贞纯洁、清清白白”的意思，象征着高洁的品德。

⑪ 桃。亦称“寿桃”，桃子象征着平安祥顺，万寿无疆。翡翠挂件中经常将猴子和桃子雕在一起，寓意为“灵猴祝寿”。一只喜鹊张开翅膀环抱一只寿桃的图案有“天降喜寿”之意，寓意为“喜上寿”。蝙蝠和桃子雕在一起寓意“福寿”，象征着福寿绵绵。

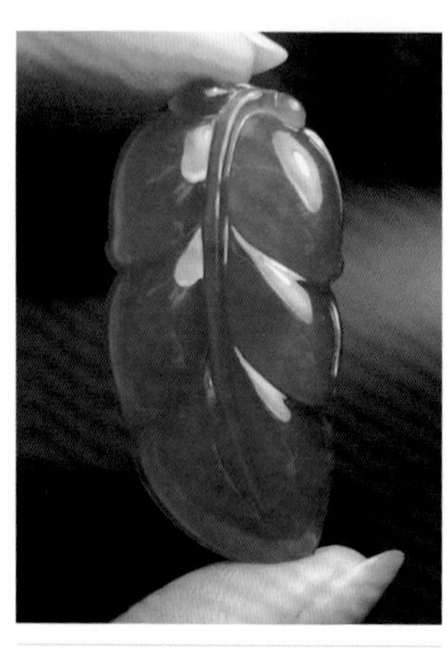

老坑玻璃种满绿翡翠叶子，寓意吉祥，为收藏珍品

⑫ 叶子。“叶”与“业”同音，象征着家大业大、事业有成。翡翠挂件中将叶子和如意雕刻在一起寓意着“事业如意”。用金将翡翠叶子镶嵌起来则有“金枝玉叶”之意。同时，一片树叶上趴着一只小甲壳虫，虫子振翅欲飞的造型也很常见，甲壳虫象征

着财富，有富甲一方的意思，虫子趴在叶子上，寓意“一夜成名”“一夜富”。

⑬ 平安扣。是中国的一款传统翡翠饰品，也称为“怀古”。它的外形圆滑，符合中国传统文化中的“通则变，变则通”的中庸之道，“平安”寓意明确，表达了人们朴素美好的愿望。平安扣外圈是圆的，象征着辽阔的天地；内圈也是圆的，象征我们平静的内心。同时，平安扣的形状很像古时铜钱的形状，据说古铜钱可避邪保平安，可是佩戴铜钱不是很美观，所以在玉器中就出现了平安扣，美观大方而且寓意好。

18K 镶嵌钻石翡翠平安扣吊坠，种好色艳，正阳绿，但稍带黑点

翡翠路路通，糯冰种，绿色分布不均，棉絮感明显，但料大，色正，也算上品翡翠

⑭ 路路通。寓意人生的旅途路路畅通、四通八达、事事顺利。翡翠路路通的造型很简单，通常是一颗圆珠或圆桶珠。佩戴的时候用细绳或项链穿过孔洞戴于颈上，佩戴路路通做运动时，路路通随着人的运动不停地转动，这种转动象征着人生道路永远畅通无阻。“路路通手镯”

是路路通的一种现代变形款式，就是在手镯的上面雕琢上绳纹，自始至终只有一条“绳子”，寓意“一条大路无尽头”。相类似的还有两种常见的翡翠饰品，“财源滚滚”和“玲珑球”。财源滚滚呈球形，中心镂空，外面雕刻一些花纹或镶嵌宝石，在佩戴的时候也会像路路通一样在胸前旋转，上面的花纹或小宝石随之转动，仿佛数不尽的财宝滚滚而来。玲珑球则是套环的镂刻玉珠，通常有三层，而且是活环的，雕工细致。

⑮ 平安锁。旧时小孩出生后为了消灾避邪，永葆平安，父母或亲朋出资请银匠打制一副银锁给小孩佩戴，意在“锁”住生命。佩戴平安锁，一般要挂到成年后才取下。平安锁多是用白银打制，也有用黄金打制或者用玉石雕琢的。錾刻的吉语内容有“长命百岁”“福寿双全”“长命富贵”“福寿万年”等，所以平安锁又被称作“长命锁”，装饰的纹样大多是吉祥八宝、莲花蝙蝠、祥云瑞兽，以及一些相关的寓意吉祥、丰富多彩的民间故事和神话传说等。

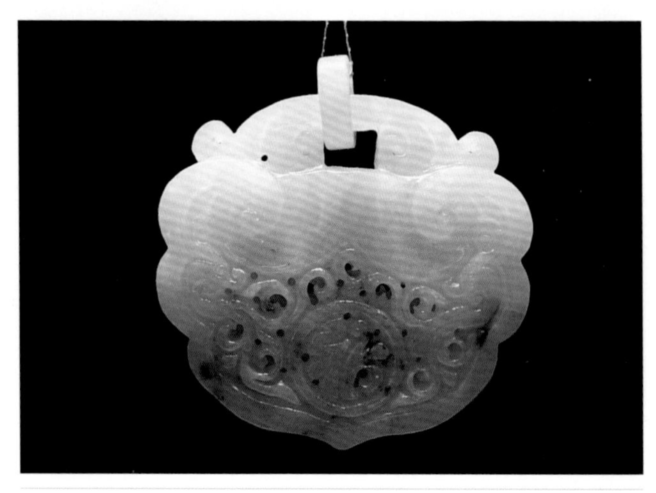

翡翠平安如意锁

⑯ 瓶子。象征着平安，翡翠挂件中常将瓶子和鹌鹑雕刻在一起，有平平安安之意。此外，一个瓶子里插着三支短戟组成的“瓶升三戟”图，谐音为“平升三级”。大清朝官员等级分为九品十八级，每个品级有正从之别。“平升三级”象征着官运亨通，仕途顺达。

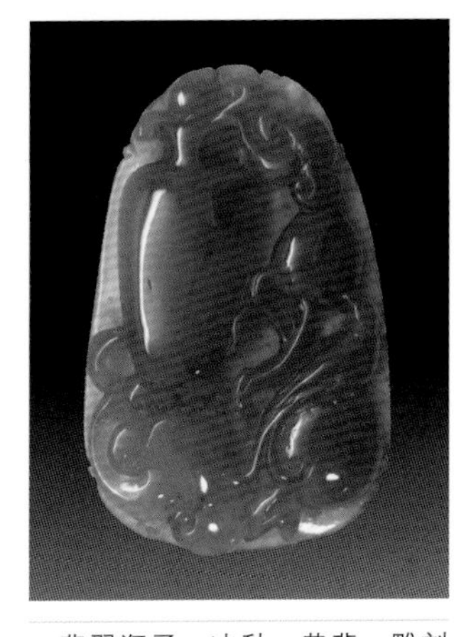

翡翠瓶子，冰种，黄翡，雕刻瓶子、如意和桃子，寓意“平安如意”

⑰ 笔。如意、笔和金银锭或者笔和一锭墨组成的图案寓意为“必定如意”，借谐音象征必定遂心所愿；也有笔上雕刻一串铜钱的花件，有“必定发财”之意。此外，笔还有“金榜题名”之意，常言道：“十年寒窗苦读，一朝金榜题名。”自古以来，笔就是考生们的武器，学子们用笔拼搏奋斗着，

芙蓉种巧雕翡翠“妙笔生花”，质地细腻温润，工艺精湛细致

争取有一天能够榜上有名，光耀门楣，寄托了考生以及其亲朋的美好愿望。

（三）中国的玉雕门派

人们常说 :“玉不琢不成器”“他山之石，可以攻玉”。确实，历代那匠心独运、巧夺天工的玉器，都并非行外人所认为的那样，是雕刻出来的，而是利用硬度高于玉的金刚砂石英、石榴石等“解玉砂”，辅以水来研磨、琢制而成的。因此，在行家们说来，制玉并不叫雕玉，而叫治玉、琢玉、碾玉、碾琢玉。其实，我国的传统制玉工具是非常简陋的，在新石器时代和青铜器时代，制玉工具多为木竹器、骨器和砂岩配制而成，就是到了近代，也不过是些线锯、钢和熟铁制成的圆盘、钻床、半圆盘和木制车床而已。但就是这样粗陋的工具，却制作出了世所罕见的珍奇，这不能不说是人间的奇迹。

可是，我国无数的琢玉名手却未载于史书，有记载的名家寥寥可数。据东晋王嘉《拾遗记》载 :“始皇二年，骞消国献善画工，名裂裔。裔刻白玉为两虎，削玉为毛，有如真矣。”另据传，著名的道教大师、长春真人丘处机，也具有卓越的制玉技艺，曾带领徒弟们制玉。北京传统的玉石业行会则把他尊崇为鼻祖，每逢其生日皆行参拜。而在有记载的制玉名手中，明代万历年间的陆子刚算得上是最有名的一位了。陆子刚主要活动在苏州，苏州是当时制玉业发达的地方。传说当时皇帝曾命其在一个拉弓用的玉扳指上琢出百骏图，而陆子刚用虚拟之法，只用三匹骏马便呈现出百骏之意，令人击节赞赏。可见其不仅技艺高超，构思也极为巧妙。现在国内外各博物馆及私人手中，藏有子刚款玉器的为数不少，但其中绝大部分都是后人托名仿制的。行家们认为，凡玉器制品具有明显的明代特征；款识不是另加，且与器物风格相符；“子刚”或“子冈”款为篆文，且工艺水平较高，就可判定为陆子刚真品。另外，著名的明清玉雕家还有曾鼎、文征仲、三桥、何长卿、尚均、胡德成、鲍友信、姚宗仁、张象贤、杨瑞云等。

中国玉雕技术经过几千年的探索和积累，已经在工巧、用料和艺术造型上达到了新的高度。新中国玉雕有南北派之分，北派以北京为代表，包括北方各省市及长江流域的部分地区；南派以上海为代表，包括江苏、浙江、安徽、广东等省市。南北派包括了现代玉雕的四大门派。

北派，又称京派。北派玉雕泛指北京、天津、辽宁一带的玉器雕刻工艺大师形成的玉器雕琢风格，也称宫廷派。北派以雕琢人物群像或者各种玉石摆件、器皿、山子、玉牌、把玩件为业界所赞誉。其玉雕有庄重大方、古朴典雅、国韵文风等特点，可用巧夺天工来比喻，简约中透着稳重，雄厚中体现皇家风范，气度中流露出对国学传统的一脉相承。

北派玉雕的代表为北京的“四怪一魔”。“四怪”即以雕琢人物群像和薄胎工艺著称的潘秉衡，以立体圆雕花卉称奇的刘德瀛，以圆雕神佛、仕女、孩童出名而成典范的何荣，以“花片”类玉件清雅秀气、作品独特、构思巧妙而为人推崇的王树森；“一魔”即让同行们赞叹的玉雕大师刘鹤年。

南派，指广东、福建一带的玉雕艺术风格。由于长期受竹木牙雕工艺和东南亚文化影响，在镂空雕、多层玉球和高档翡翠首饰的雕琢上，也独树一帜，造型丰满，呼应传神，工艺玲珑，形成“南派”艺术风格。新中国成立以后，以南方玉雕工艺厂为代表的“南派”迎来了新生，技术上取得了巨大突破。玉球镂空层数从 8 层发

借鉴了扬州瘦西湖五亭桥造型的“翡翠五亭炉”

展到16层，用料从最初的岫玉到白玉、翡翠。高兆华是国家级非物质文化遗产广州玉雕的代表性传承人，也是中国玉雕界公认的南派玉雕领军人物。

海派，是以上海为中心地区的玉石雕刻艺术风格的派系。海派玉雕的真正贡献在于“海纳”和“精作”。它的“海纳”包容万象，涉足绘画、雕塑、书法、石刻、民间皮影和剪纸、当代抽象艺术等；它的“精作”更让人赞叹，其作品讲究以神塑玉，以意养神，贴近自然，更贴近艺术，达到了神形合一的艺术境界。海派玉雕经历了一个比较漫长的形成过程，在当下玉雕艺术中有着举足轻重的影响力。19世纪末20世纪初，国内人才大量涌入上海，这当中包括一批扬派玉雕艺人，这些艺人在上海特定的文化氛围中逐渐形成一种特定的海派风格。海派以器皿（以仿青铜器为主）之精致、人物及动物造型之生动传神为特色，雕琢细腻，造型严谨，庄重古雅。代表人物有“炉瓶王”孙天仪、周寿海，“三绝”魏正荣，“南玉一怪”刘纪松等，他们的作品更是海内外艺术爱好者、收藏家众口交誉的珍品。

扬派，是扬州地区玉雕所表现的独特工艺。其历史悠久，底蕴深厚，在明清时期，扬州雕刻工艺就已闻名于天下，有“天下玉，扬州工”之说。扬派玉雕讲究章法，工艺精湛，造型古雅秀丽，门类齐全，有人物、花鸟山水、神佛瑞兽等题材，其中尤以“山子雕”最具特色。现代扬派玉雕在兼具南秀北雄、细腻秀美、玲珑典雅的同时，更具雄壮气派、格局开阔的气势。代表作品有碧玉山子《聚珍图》、白玉《大千佛国图》、《五塔》等，这些作品都被国家作为珍品收藏。

（四）故宫十大翡翠藏品

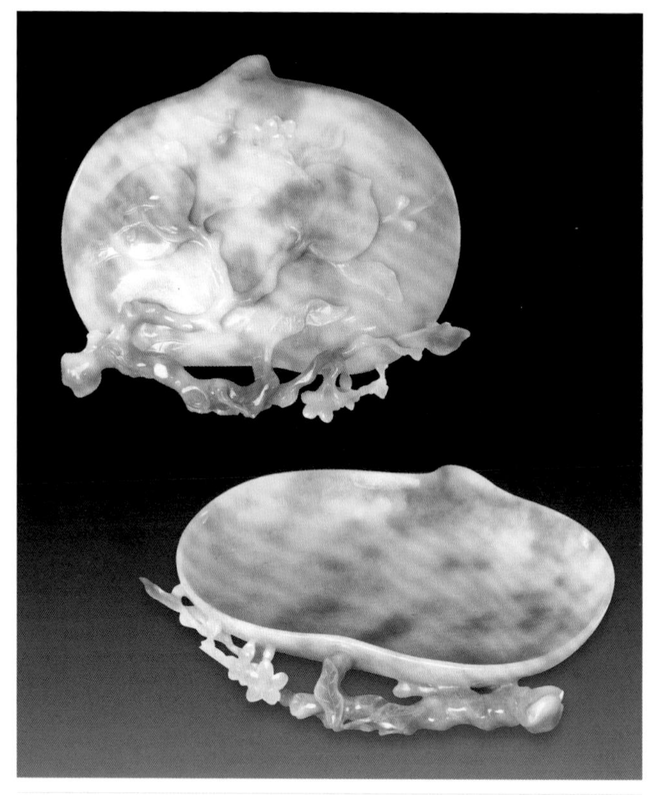

翠桃式洗（清）

该作品高 3.8 厘米，口径 24.8 厘米。翠呈浅绿色，局部色较重。作品似盘，较浅，桃实形。洗底浮雕桃枝两杈，一杈伸于洗底为足，其上有双桃并桃花，另一杈延伸至洗口一侧为柄。 洗为文房用具，可用以洗笔。玉洗可能产生于秦汉之际，从考古发掘可以看到，汉代玉文具开始增多，目前所知最早的玉笔洗为故宫博物院收藏的汉代作品。这件翠洗所用材料珍贵，既可使用又可作为陈设品欣赏。

翠碗（清）

该作品高7.3厘米，口径17.3厘米。翠色青绿，有大片重绿色。碗敞口，口沿处有唇，圈足。光素无纹。此碗所用翠料颜色不均，局部或青绿，或深绿，但此等作品亦数难得。原藏清宫遂初堂。清代宫廷多以玉制碗，特别是乾隆时期，玉碗制造数量巨大，其中有一些大碗胎薄，口圆，造型周正，有的作品外壁还刻有御制诗句。这件翠碗的造型、工艺与乾隆时期的特点相同，应为该时期作品。

翠缠枝莲纹盖碗（清）

该作品通高8.3厘米，口径12.4厘米。翠质浅绿色，碗为薄胎，口外敞，盖略小，地包天式，环式钮，盖面及碗外壁浅浮雕缠枝莲纹。清代，内地与中亚地区文化交流密切，工艺品制造中出现模仿中亚风格的作品。当时流行的西番莲图案即是传统的缠枝莲图案与中亚图案相结合的产物。这件作品中的缠枝莲纹莲瓣卷曲，莲叶多歧，是清代西番莲图案中的一种。

翠太极纹浅盘（清）

该作品高 3.5 厘米，口径 17.5 厘米。翠绿色，局部色较重；作品敞口，口沿有唇，平底，圈足；盘心浅浮雕太极图案。此盘翠色绿而质地细腻，有较好的透明度,在清代翠制品中极罕见。古人对玉盘非常珍爱，唐人白居易有“大珠小珠落玉盘”之句，由此可知唐代即有玉盘流行。清代宫廷使用玉盘较多，此盘的造型也较为常见，但其他玉盘多无口沿上的唇。清宫所制翠盘数量极少，非常珍贵。

翡翠乾隆款龙纹杯盘（清）

该作品杯高 5 厘米，口径 7 厘米，盘径 19.2 厘米。翠呈青绿色，局部绿色较深，呈丝絮状，杯和盘上又有暗红色，其中可能带有人工染色。杯为圆形，平口沿，口微敞，两侧各有一龙形杯耳。杯身两面各饰一阴线刻龙纹，杯下有圆形座，上琢俯仰菊瓣纹。杯配托盘，八瓣形，盘底中部阴刻“乾隆年制”篆书双行款。此种托杯器，宋、明之时已流行，样式颇多，清代的作品更为精致，乾隆朝所制玉、翠托杯为托杯中的珍品。

此杯盘为乾隆皇帝御用酒具，两件为一套。

翠鱼式盒（清）

该作品长 27.8 厘米，宽 7.2 厘米。翠色青绿，盒为鱼形，两半相扣成盒。鱼身有细鳞纹，鳍、尾、鳃部嵌有红宝石。盒内刻有乾隆御制诗《咏痕都斯坦玉鱼》。据诗而知，乾隆皇帝认为此件作品为痕都斯坦玉器，但这种玉料主要产自缅甸，鱼上宝石的镶嵌方式也与痕都斯坦玉器有别，一些学者认为此盒是清宫廷所制。

翠印色盒（清）

该作品通高3.4厘米，口径8.8厘米。翠呈绿色，盒圆形，口沿呈子母口状，盒身较浅，平底，圈足。盖与盒身相仿，可与盒身扣合，盖面饰凸起的团形“寿”字。宋、明两代，文化发达，文具，包括用于盛印泥的印色盒的使用量激增。当时生产的印色盒形制多样，花纹精致，具有观赏性，直到清代这种状况仍在延续。此件翠盒较宋、明作品更为珍贵。因为它的材料贵重，以优等翠料制成，工艺精致，厚度均匀，造型规整，图案精细；“寿”字的笔画用了瓦面状凸线，这对加工技艺有很高的要求。

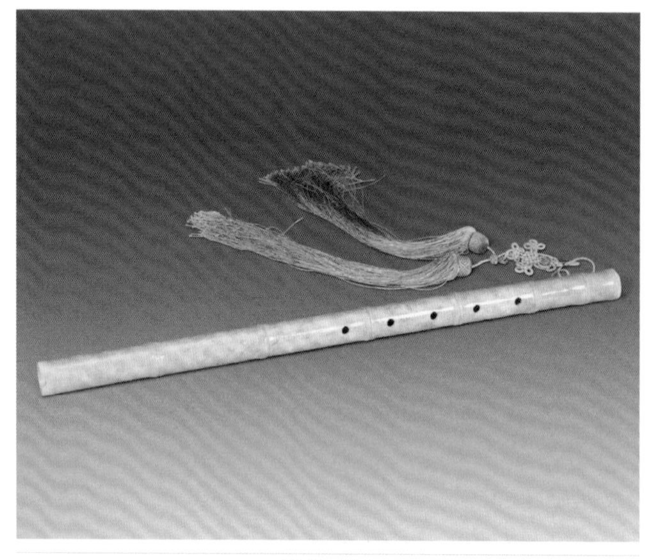

翠箫（清）

该箫长 54 厘米，径 2.8 厘米。翠质青绿，箫为竹节状，中空，侧面有音孔，一端有吹孔，佩黄绦和红穗。箫是一种乐器，用于吹奏，其音悠远深沉，极为动人。箫一般为竹制，也有玉制和铜制，翡翠制者少见。古代乐器中，竹质管乐器较多，人称丝竹之声即指此，故玉笛、玉萧多仿竹形，但其音另有特色。

翠烟壶（清）

该作品高 6.45 厘米，宽 5.3 厘米。翠色青绿，局部色较深。烟壶近似椭圆形，上部略宽，小口，细颈，表面光素无纹。鼻烟壶的使用主要是在清代。清前期的作品以方形、圆形为主，后期的作品形状多变化。乾隆时期，鼻烟壶的制造有了很大发展，主要表现在材质的多样化，动物、瓜果造型的作品数量增多。翡翠鼻烟壶的优劣多以材质本身作为判断依据，其纹饰、造型一般都较简练。

翠乾隆款仿古觚（清）

该作品高 19.7 厘米，长径 10.4 厘米，短径 6.8 厘米。翠色青绿，有翠料表皮的风化色皮色。翠觚海棠花瓣式口，喇叭形颈，足外撇。颈及足饰蕉叶纹，腹部饰凸起的兽面纹。底有篆书“乾隆年制”款。觚是古代的一种饮酒器。明代流行用觚做陈设品，将觚置于案头，内插杂物。清代宫廷或称为花觚。此觚为乾隆时期的仿古作品，其造型、纹饰与古器有所差异。所用翠料青中含绿，近似古铜器的锈色。

（五）中国翡翠国宝

最近二十年由于中国翡翠行业的蓬勃发展，翡翠受到各界人士的广泛关注，国宝级翡翠作品不断推出，到 2004 年为止，国内外公认的国宝级中国翡翠工艺品共有以下八大件。

翡翠岱岳奇观

品名：翡翠岱岳奇观

规格：高 88 厘米，宽 83 厘米，厚 50.5 厘米

作者：张志平，王树森，陈长海

收藏：中国工艺美术馆

作品说明：采用山子的形式表现了泰山“中天门，十八盘，天街和玉皇顶”等主要景观。右上端橘红色表现日出东海时泰山的宏伟壮观。作品充分利用翡翠料大，色泽白绿相映的特点，随形就势，显示了泰山的雄伟气势，意境深邃。作品完成于 1989 年。

翡翠群芳览胜

品名：翡翠群芳览胜

规格：高 64 厘米，宽 41 厘米

作者：高祥

收藏：中国工艺美术馆

作品说明：用传统套环技法琢出提梁和两条各有 32 个环的活动链子，将从篮体中掏出的玉料琢成各种花枝，插嵌篮中。花篮局部的牡丹、菊花、玉兰花、月季、山菊、悬崖菊、萱草花等花卉构图优美，花型豪放；插嵌的茶花、梅花、海棠、牡丹花蕾点缀其中；花卉枝叶舒展优美，呈现百花争艳，欣欣向荣的景象。作品完成于 1989 年。

翡翠含香聚瑞薰

品名：翡翠含香聚瑞薰

规格：高 71 厘米，宽 64 厘米，厚 47 厘米

作者：蔚长海

收藏：中国工艺美术馆

作品说明：采用套料工艺，从原料主体中旋取球形盖，使小料做大，薰体琢饰传统吉祥图案，浑厚，稳定而大器。花薰通体翠绿、晶莹灵透。

2000 年 9 月，翡翠花薰《含香聚瑞》前往美国参加了“2000 年中国文化美国行”大型展览活动，在纽约贾维茨展览馆展出时引起轰动，参观的人排出了 3 千米长的队伍。作品完成于 1989 年。

翡翠四海腾欢插屏

品名：翡翠四海腾欢插屏

规格：高 74 厘米，宽 146.4 厘米，厚 1.8 厘米

作者：郭石林

收藏：中国工艺美术馆

作品说明：将一块板状翡翠料一剖为四，拼镶成屏。翠料质地莹润，鲜绿翠色与玻璃地融合绝妙。作品俏色妙用，在局部位置浮雕云、龙、海水，显现出云涌、龙腾、碧涛激荡的宏大场景。精巧的雕工与翠料中的天然纹理，色彩交相辉映，表现了“九龙闹海”“四海腾欢”的意境。作品完成于 1989 年。

（六）传说中的四大绝世名玉

民间传说，旧时有四种珍贵的翡翠，为中国旧饰中的名品，分别是蓝绿瑞、绮罗玉、段家玉、正坤玉。这四种珍贵的翡翠现在早已绝迹，只留给后人无限的回忆和遐想。

① 蓝绿瑞。是传说中的翡翠品种，有着浓重的神秘色彩。其名是出自缅甸还是腾冲，已无法考证。这种名贵翡翠的块体特征和场口出处，更是无人知晓。根据亲眼目睹过这种珍品的老人描述，蓝绿瑞是玻璃底，通明透亮，象征着祥瑞美好，谁拥有谁就有好运。蓝绿瑞的颜色远看似烧料，近看是黄、绿、蓝的混合。初看是艳翠，细看是蓝翠，再看则是黄翠，越看越耐看，变幻奇妙，美丽非常。

② 绮罗玉。是传说在中国清朝的嘉庆年间，腾冲绮罗乡有位商人尹文达，其祖上从玉石场驮回一块毛料，通体深黑，其貌不扬，因皮壳上没有表现，许多行家看后都认为是块最差的料，家人便将它当块石头放在马厩门口不予重视。数年后经过人踩马踏，部分外皮被蹬踏掉。一天，尹文达来牵马时，恰好从马厩瓦缝中射进的阳光照在这块石料上，反射出几点美丽的绿光。于是，他便将石块抱去解磨，才发现这是一块上等的翡翠料。此石平水显黑，照水翠绿，色级很高。他用此料制作了一只宫灯，于赛会之夜挂在水映寺中，整个寺院都被宫灯映绿了，其绿光能映照数丈之远，就像一颗会发光的大绿宝石。观者无不称奇，一时之间，轰动朝野。尹文达携灯到昆明献给云南巡抚，巡抚给了他一个“土千总”的官职。后来他又把做灯剩下来的碎片加工成上百副耳片，让人带在耳上，能把耳根映绿。因该石出自绮罗乡，人们就把它称为绮罗玉。后人以此种石料制作成翠色怀

古，供妇人用作耳饰，彰显雍容华贵。

③ 段家玉。传说民国时期，在腾冲县的绮罗乡，段家巷内有位玉商段盛才，从玉石场买回一块 150 多千克的大翡翠毛料，白盐砂壳，但没有丝毫美玉的特征，许多行家看后都直摇头，没有人肯出价收购。这使段姓商人非常不爽，于是便把这块石料随意丢在院子门口，供来客在那儿拴马。天长日久，经缰绳勒磨、马蹄踢擦，石料脱去了白砂出现了黄砂，在阳光的照射下显出晶莹的小绿点，引起了段盛才的注意，于是拿去解磨，竟是水色出众的上等翠玉。黄砂下面是玻璃底水，海草一般的翠绿色，一丝一柳，似在飘动，活灵活现。为此，世人争相购买，段家也因此成了富豪人家。后来人们就把这种玉称为段家玉。从此“段家玉”也名扬中外。

④ 正坤玉。是传说在一百多年前，腾冲县有位玉石老板叫王正坤，过世之后留下了八大块上等翡翠石料，他的后人将其制成手镯，每只手镯都是满绿色的，十分艳丽。照水（用灯光透视）看来只见一条细丝贯穿，其余皆为淡水绿色；平水（用肉眼平视）则是满绿底上起翠条，映色映水，反弹鲜明，堪称玉中之宝。这便是后人称之为正坤玉的翡翠珍品。

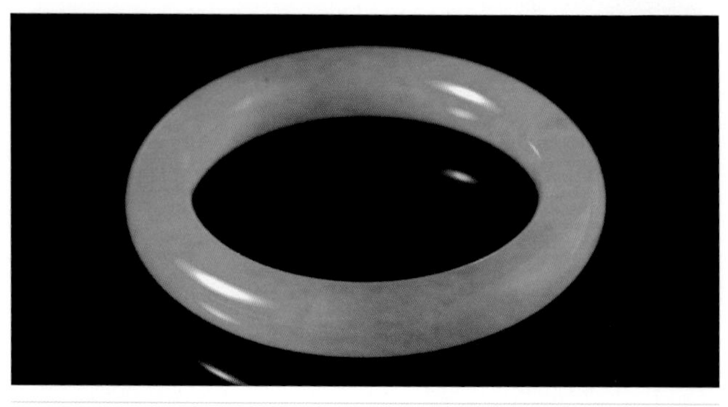

绿翠手镯，满色阳绿正匀，种地细腻，为收藏级翡翠

五

翡翠的鉴别

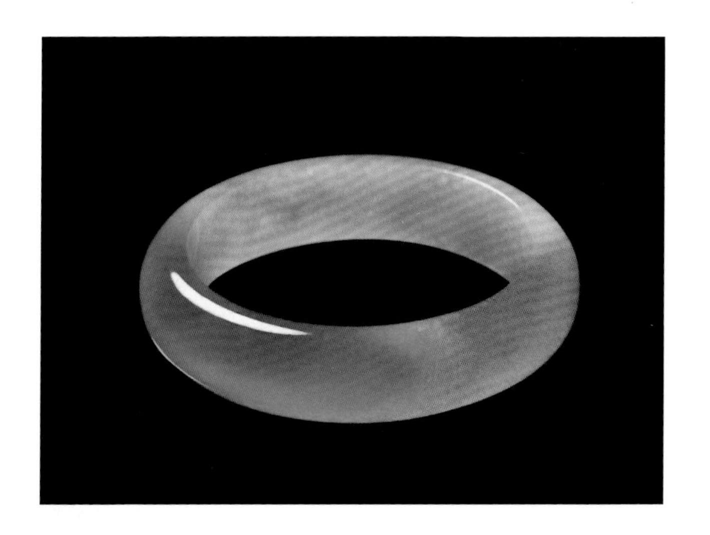

（一）翡翠A、B、C、D货

A货翡翠是指只按传统工艺加工的天然翡翠，颜色和水头等特性在加工后保持了原状。所以，A货翡翠不是专指高档翡翠，而是包含了所有高、中、低档翡翠。

A货豆种翡翠的翠性明显，结构颗粒感强

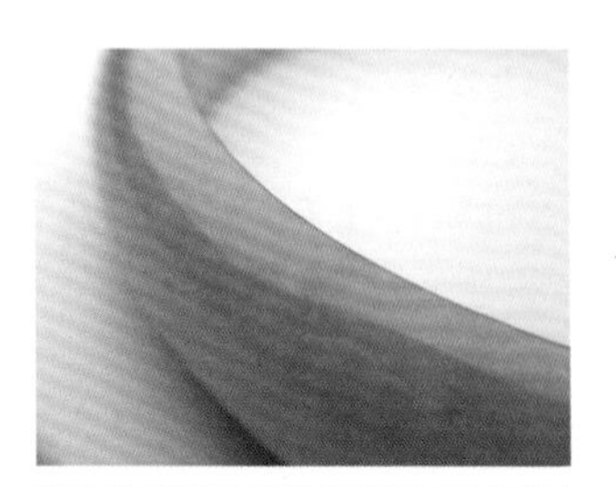

A货翡翠从反光面观察：表面光滑细腻，呈玻璃光泽，清润清亮，刚味足

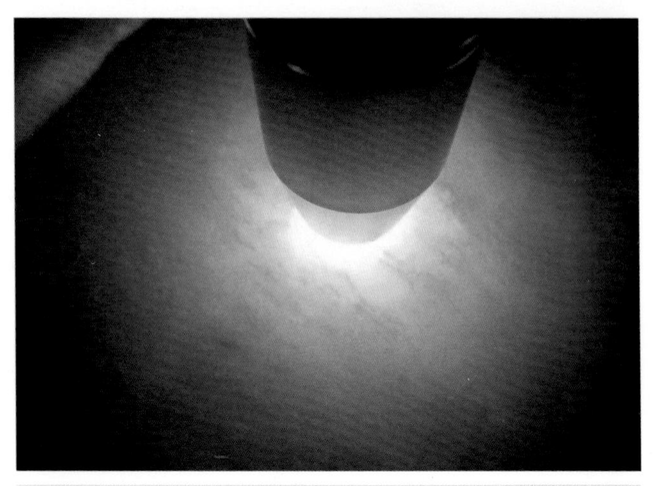

A货翡翠打光观察：纤维交织结构明显，结构致密，色带过渡均匀，有色根

B货翡翠是指经过浓酸浸泡酸洗后再用环氧树脂充填的天然翡翠。经过这样加工的翡翠可去掉黄色的膜、白色的沉淀物、漂去灰色或黑色的底，增加翡翠

的透明度，改善种质，使绿色更鲜艳、水头明显提高，从而给人提高了档次的感觉，故又称为“优化处理翡翠”。这种翡翠的价格比同样颜色和水头的 A 货翡翠要低几倍。

B 货翡翠无翠性，整体光泽发暗

B 货翡翠从反光面观察：表面有凹凸不平的微波纹，呈油脂光泽

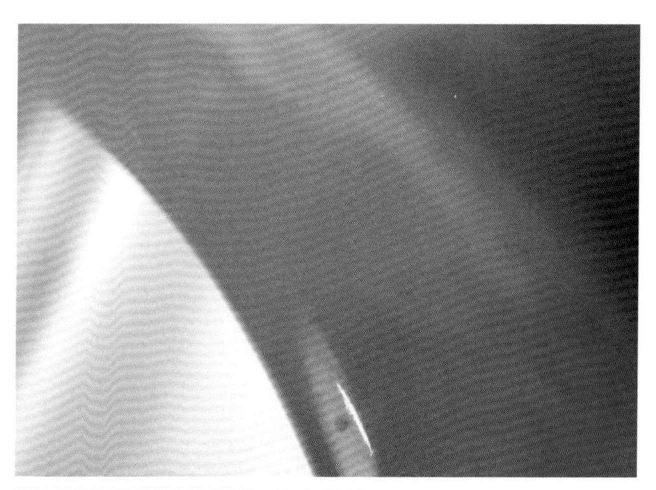

B 货翡翠透光观察：颜色发暗发蒙，透光可见胶状聚合物

C 货翡翠是指经过人工染色的天然翡翠。价格比同等绿色 B 货翡翠低。

C 货翡翠，因为该样品尚未抛光，所以翠性还是比较明显，结构颗粒感也强，但色块明显不自然

C 货翡翠反光面也可见凹凸不平的渠沟纹，呈油脂光泽

C 货翡翠放大观察：色块分布明显，绿色沿裂隙分布

B+C 货翡翠是指用浓酸浸泡后，先染色再填充环氧树脂，或在环氧树脂中加颜色后再充填的天然翡翠，由于在 B 货翡翠的基础上加颜色，要比 B 货翡翠更漂亮，故价格较 B 货翡翠高。

D 货翡翠实际上不是翡翠，而是专指外表颜色很像翡翠的其他矿物或玉石，有人用它来冒充翡翠，所以，应当叫“仿翡翠”。例如，有人把河南省南阳产的独山玉叫作“南阳翠”。此时，这种绿色的南阳翠即是翡翠 D 货；也有人把澳洲玉、马来西亚玉冒充翡翠，此时均属翡翠 D 货。

（二）翡翠的特征与鉴定

鉴定一块玉石是否为翡翠，可以从以下几种方法入手。

1. 简易测试翡翠的硬度

所谓硬度是指材料局部抵抗硬物压入其表面的能力。

早在 1822 年，德国矿物学家腓特列・摩斯（Friedrich mohs）提出用 10 种矿物被棱锥形金刚钻刻划后的划痕深浅排序做标准来衡量其他各种矿物的相对硬度，这就是所谓的摩氏硬度计。按照这些矿物的软硬程度分为十级：①滑石、②石膏、③方解石、④萤石、⑤磷灰石、⑥正长石、⑦石英、⑧黄玉、⑨刚玉、⑩金刚石。

各矿物之间硬度的差异不是均等的，等级之间只表示硬度的相对大小。

翡翠的标准摩氏硬度为 6.5 ~ 7，比普通玻璃和小刀要大。简易的硬度测试方法就是用小刀刻划饰品表面，如果饰品表面产生划痕则为假翡翠；如果用翡翠划玻璃，玻璃会被划出道来，而翡翠则安然无恙；如果玻璃反倒把翡翠磨出划痕来，则证明饰品为假翡翠。也可以参照下面的摩氏硬度表，选择比翡翠硬度小的宝石或材料进行硬度测试，应当注意的是硬度测试是一种破坏性实验，在测试的过程中应当谨慎，最好选择在宝石的背面、侧面或孔洞内这些不明显的位置进行划痕测试。另外需要注意的是，上述测试中有些表面看起来像划道的痕迹并不是真的划痕，而是用来刻划的材料太软，以至留下白色粉末条痕。验证它是否为划痕可先用水擦洗而后风干，然后看是否有划痕。

宝石的摩氏硬度表

摩氏硬度	代表宝石	代表材料
1	滑石	
2	石膏	
$2^1/_2$	琥珀、象牙	指甲
3	方解石	铜币、铜线圈
$3^1/_2$	珍珠、珊瑚、煤精	
4	萤石	
5	磷灰石	窗玻璃和瓶玻璃
6	长石（如月光石）、欧泊、绿松石	钢针、钢刀刃
$6^1/_2$	翠榴石、橄榄石、和田玉	
7	石英（如水晶）、碧玺、翡翠	硬钢锉
$7^1/_4$	铁铝榴石、镁铝榴石、铁钙铝榴石	
$7^1/_2$	锆石、绿柱石（如绿祖母、海蓝宝石等）	
8	托帕石、尖晶石	
$8^1/_2$	金绿宝石	
9	红宝石、蓝宝石	
10	钻石	

试验钢铁硬度的最普通方法是用锉刀在工件边缘上锉擦，由其表面所呈现的擦痕深浅来判定其硬度的高低。这种方法称为“锉试法”，但不太科学；用硬度试验机来试验比较准确，是现代试验硬度常用的方法。

2. 观察翡翠的结构和翠性

翡翠的结构是粒状镶嵌变晶结构，这是地质学的一个术语，是说翡翠是由很多小矿物颗粒组成，这些小矿物颗粒有粒状、纤维状、长柱状、短柱状，成互相镶嵌的排列。

翡翠的翠性是鉴别翡翠的重要标志。行内人常说的翡翠的“翠性”，是指翡翠的解理面和双晶面的星点状、片状、针状闪光，也就是俗称的“苍蝇翅”或“沙星”。但是并不是在所有的翡翠表面都能见到翠性，如老坑玻璃地的翡翠就看不见翠性。

观察翡翠翠性最简单的方法是，用电筒从翡翠上面照下去（即反射光之下）最易看到翡翠有大大小小不同的片状闪光，这种像小雪花片一样的反光，就称为“翠性”。反光大的叫“雪片”，反光小的叫“苍蝇翅”。许多行家根据翡翠这一特性来鉴定真假翡翠。翠性多出现在粒状纤维交织结构中，在白色团块状的石花或石脑附近较易观察。所谓“石花”是指翡翠中均匀细小的团块状，透明度微差的白色纤维状晶体交织在一起形成的石花。这种石花和斑晶的区别是斑晶透明，而石花微透明至不透明。矿物颗粒越粗大翠性越明显，颗粒越细腻则越不易观察。

另外，颗粒较粗且抛光良好的翡翠表面常出现微波纹。这是由于长柱状、束状略具定向分布的硬玉颗粒间硬度差异所造成的，是翡翠内部结构的外在反映。

在阳光或灯光下，借助反射光在翡翠的表面寻找翠性以及微波纹；在透射光下注意观察翡翠特有的（粒状）纤维状交织结构，是辨别真假翡翠的基本方法。

照射光源运用表

序　号	光　源	可观察面
1	反射光	观察表面特征
2	透射光	观察内部裂隙、包裹体
3	侧向光	观察结构

3. 观察翡翠的颜色

翡翠是一种矿物的集合体，有绿色、淡黄色、白色、紫色和红色等多种色彩。通体全是绿色的翡翠因为十分稀少，所以价格很昂贵。目前，国际拍卖市场上一只满绿的翡翠手镯，价格会高达上千万元人民币。正因如此，绿色的翡翠成为一些唯利是图的商人大量造假的对象。翡翠的作伪方法有假料和假色两种。假料作伪是指用其他材料冒充翡翠，这类材料虽为绿色，但硬度低，而且含有杂质。鉴定时，可以用小刀刻划饰品表面，如果产生划痕则为假翡翠；也可以用放大镜查看，饰品内是否有杂质或气泡，若有的话就是假翡翠。假色作伪则是指对品质较差的翡翠进行人工处理，使其产生高档翡翠才具备的绿色，这种翡翠对于

黄翡手镯，底章干净细腻，颜色正黄均匀，为收藏级翡翠

初学者来说最难鉴别。

翡翠的颜色丰富多彩，观察一件翡翠是否假色，不仅要观察颜色的色调、浓度和分布，还要注意观察颜色的组合和分布（俗称“色根”），确定是否为翡翠的正常颜色，是否为翡翠经常出现的颜色，以区别于其他相似玉石；还要观察颜色的分布，是否呈丝网状、沿微裂隙分布，以此来判断颜色为原生还是次生或经人工染色所致。

翡翠的颜色通常不均，在白色、藕粉色、油青色、豆绿色的底子上伴有浓淡不同的绿色或黑色。就是在绿色的底子上也有浓淡之分。

如果是人工染色的翡翠，颜色观感会比较不自然，其颜色会浓集在翡翠的裂隙中，让翡翠颜色呈丝网状分布。此外，观察翡翠颜色是否为染色所致，还可以用简易的鉴定仪器——滤色镜。翡翠在灯光的照射下，把滤色镜放在需要鉴定的翡翠上面，从滤色镜中看时，会发现经过染色的翡翠变成了棕红色，没染色的翡翠还是翠绿色。但这只能用于鉴别铬染料所染色的翡翠。

用查尔斯滤色镜看到的效应

相似的绿色宝石	查尔斯滤色镜下所见
天然绿色翡翠	暗绿色
染色翡翠	可有红或粉红色调
绿色玻璃	大多数为暗绿色，少数为浅红色调
马来玉（染色石英岩）	亮红色到红色
东陵石（砂金石英，又称“印度玉”）	绿色的云母片变成红色
澳玉	绿色
染绿的玛瑙	浅红到粉红色
翠榴石和铬钒钙铝榴石	粉红色到亮红色
金绿宝石	绿色
变石（白光下为绿色，黄光下为红色）	粉红到亮红色
祖母绿（天然或合成）	亮红或粉红到浅绿色

4. 观察翡翠的光泽

光泽是物体表面的反射效应。宝石光泽是指宝石对可见光反射的能力，它的明亮程度和质量取决于宝石材料的折射率和抛光或表面条件。一般而言，具高折射率且抛光较好的宝石显示强光泽，这样的宝石通常是（但也不总是）硬度较高的宝石。

老坑玻璃种翡翠，起莹光满色

由于翡翠具有较高的折射率和较高的硬度，所以其光泽强于其他相似玉石。翡翠的光泽与其他玉石的光泽是不一样的，虽然在专业学习中也叫玻璃光泽（所谓玻璃光泽就是折射出与玻璃质感一样的光泽），但有经验的收藏者和爱好者可以感觉到天然翡翠与其他相似玉石在光泽度上的区别。翡翠是一种清亮清润，刚味很足的感觉，呈明亮、柔和的强玻璃光泽。

部分宝石的光泽表

光　　泽	光泽的表现及代表宝石
金刚光泽	如钻石所显示的很明亮和反射性的光泽
亚金刚光泽	如锆石和翠榴石等高折射率宝石所显示的明亮光泽
玻璃光泽	在抛光的玻璃和在祖母绿、碧玺等具中等折射率的大多数透明宝石中所见到的光泽
树脂光泽	如琥珀等软的，具低折射率的宝石所显示的树脂光泽
丝绢光泽	如石膏和孔雀石等一些纤维状矿物所具有的丝绢光泽
金属光泽	由金和银等金属质感强的，及抛光的赤铁矿和黄铁矿等宝石材料所显示的非常强的光泽
珍珠光泽	由于天然和养殖珍珠都是由晶质层组成的，光从表面和近表面的晶质层反射，有时这种微细的结构会引起晕彩，珍珠的这种光泽也常称为珠光
土状光泽	由于某些宝石的反射表面疏松多孔，使光几乎全部发生散射而呈现如同土状般的暗淡光泽，如绿松石的光泽
蜡状光泽	某些宝石在光的照射下，呈现出如石蜡所表现的那种光泽，如蛇纹石的蜡状光泽

5. 了解翡翠的相对密度和折射率

翡翠的相对密度大，为 3.33 左右，在三溴甲烷溶液中迅速下沉，而与其相似的软玉、蛇纹石玉、葡萄石、石英岩玉等均在三溴甲烷中悬浮或漂浮。用手掂量，翡翠较重，有“打手”的感觉，而石英岩质玉石等则较轻。翡翠的折射率为 1.66 左右（点测法），而其他相似的玉石均低于 1.63。

翡翠与其仿制品的折射率与相对密度表

宝　　石	折　射　率	相对密度
翡翠	1.66	3.3 ~ 3.36
和田玉	1.62	2.8 ~ 3.1
鲍文玉、岫玉	1.56	2.6
东陵石	1.55	2.65
马来玉	1.54	2.65
绿色玻璃	1.50 ~ 1.70	2.0 ~ 4.2
水钙铝榴石	1.70 ~ 1.73	3.35 ~ 3.70
染色大理岩	1.48 ~ 1.66	大致为 2.6
澳玉	1.55	2.65

6. 用放大镜观察翡翠的包裹体

可用10倍放大镜进行放大检查。翡翠中的黑色矿物包裹体多受熔融，颗粒边缘呈松散的云雾状，绿色在黑色包裹体周围变深，有“绿随黑走”之说。

翡翠与仿翡翠（翡翠D货）在放大镜下的差异

宝石名称	放大观察
翡翠	具韧性的粒状——纤维状交织结构，绿色区通常较软玉的明亮
和田玉	在透光下，可见毡状结构，断口表现为锯齿状：通常为暗绿色，常有暗色的包裹体
鲍文玉、岫玉	云状白色斑块，通常为半透明，油脂光泽，表面可显示粉状、油脂状划痕
东陵石	整体呈粒状结构，有绿色的云母片分布在无色基质中，反射光下表面看上去呈坑凹状
马来玉	粒状结构，绿色染剂分布于颗粒间，较为明显
绿色玻璃	放大观察可见气泡和漩涡纹

续表

宝石名称	放大观察
水钙铝榴石	有些材料呈暗绿色，有类似于和田玉中的包裹体，但也有些为白和绿色的斑点状岩石，看上去与翡翠相似
染色大理岩	方解石晶体导致的糖状或粒状外观，有反光的解理面，颗粒间可见有染剂
澳玉	常为淡绿到艳绿色，半透明，可见非常细腻的隐晶质结构

7. 用分光镜测定翡翠的吸收光谱

分光镜能测出各种宝石对不同波长光的吸收程度，绿色翡翠对波长为 489 ~ 503 纳米，690 ~ 710 纳米的光有吸收，这两条吸收光谱就是翡翠对光的吸收特点。此外，437 纳米吸收线是翡翠的特征吸收谱，是铁的吸收线。630 纳米、660 纳米、690 纳米吸收带或线是铬的吸收线，绿色越浓艳铬线就越清晰。如果绿色很浅，则 630 纳米就不易观察到。染绿色的翡翠在 650 纳米处可有一条明显的宽带。

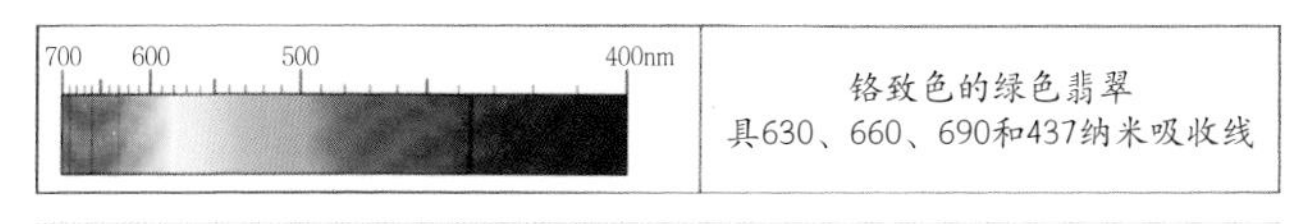

天然翡翠的吸收光谱

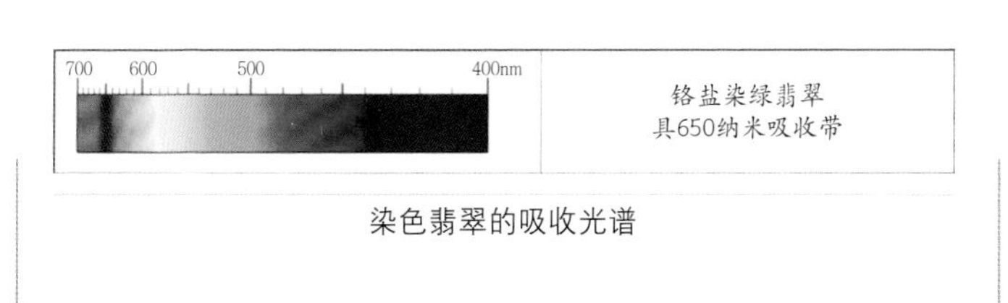

染色翡翠的吸收光谱

8. 检测翡翠的发光性

天然翡翠在紫外荧光灯下绝大多数无荧光，个别翡翠有弱绿色、白色或黄色荧光。白色翡翠中的长石如果经高岭石化，可显示弱蓝色的荧光。

漂白充填翡翠的荧光图。左图在日常灯光下，右图在紫外荧光灯下显白色强荧光

早期充填处理翡翠可有弱至中等的黄绿色、蓝绿色荧光；近期充填处理翡翠已无或有弱的蓝绿色或黄绿色荧光。染色的红色翡翠可有橙红色荧光。注油翡翠则有橙黄色荧光。

关于吸收光谱和发光性这两点，需要专业的鉴定仪器才能检测出来。

用以上八种方法基本可以鉴定出翡翠的真伪，但由于现代社会做假技术越来越高明，仿冒品和非天然翡翠越来越多地充斥着市场，在不正规的消费市场里，稍一走眼，就可能买到假货。好在近年来，中国的玉石鉴定机构不断增加，全国已有 60 多家国家认可的玉石鉴定机构。这些机构有专业的实验室和检测仪器，可以出具权威的鉴定证书。初涉翡翠投资和收藏的爱好者最好还是尽可能地寻求专业鉴定机构的帮助，以降低收藏风险。

翡翠鉴定简表

翡翠类型	肉眼鉴定	仪器检测要素	特殊检测
A货	颜色、透明度一般不均匀，易见翠性；绿色之中易见色根，玻璃光泽，相对密度较其他玉石大，手镯类饰品音质清脆；翡翠表面十分光滑	摩氏硬度6.5 ~ 7 折射率1.66(点测) 相对密度3.26 ~ 3.34 具铬吸收线，显微镜下易见纤细断续的粒间网纹	
B货	颜色、透明度较均匀，不易见翠性；近树脂光泽，洁净，手镯类饰品音质沉闷；翡翠表面凹凸不平，涩滞感强	摩氏硬度、折射率、相对密度均较A货略低，大多有强荧光；显微镜下易见粗大不规则的酸蚀网纹	用热针法可初步检测充填物，红外、拉曼光谱可准确检出充填物
C货	染色的部位呆板不灵动，强投射光下散开成色素网纹；辐射、扩散、覆膜色彩均浮于表层，辐射、有机染色忌怕高温	摩氏硬度、折射率、相对密度同A货，查尔斯滤色镜可检出氧化铬染色	吸收光谱可检出铜、镍等无机染色

（三）翡翠与相似玉石的鉴别

通常，将被用来冒充翡翠的外表颜色很像翡翠的其他矿物或玉石称为翡翠D货，即仿翡翠。

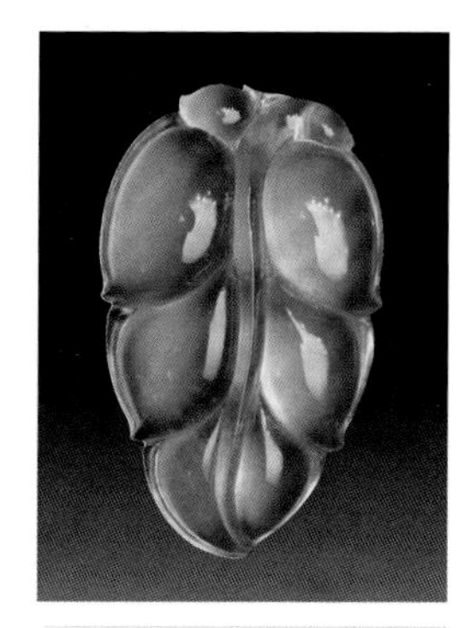

玻璃种起莹光翡翠叶子

翡翠：玻璃光泽，纤维交织结构，折射率1.66（点测），相对密度3.33，摩氏硬

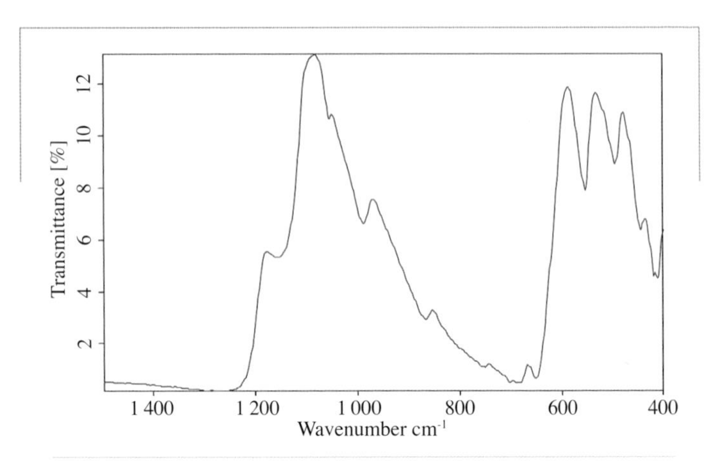

翡翠 A 货红外光谱

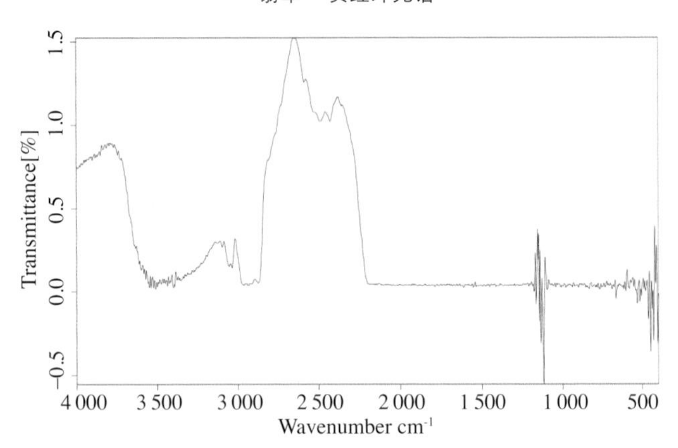

翡翠 B 货红外光谱

和田碧玉珠链

度 7 ~ 7.5，具翠性，颜色的色调和分布大部分不均匀。

和田玉：油脂光泽，毛毡状结构，折射率 1.61，相对密度 2.95，摩氏硬度 6.2 ~ 6.5，无翠性，颜色较均匀。

和田玉红外光谱

岫玉：蜡状光泽至玻璃光泽，叶片状、纤维状交织结构，相对密度 2.57，摩氏硬度 2.5 ~ 6 之间（受组成矿物的影响），断口常呈贝壳状或片状参差。

岫玉手镯

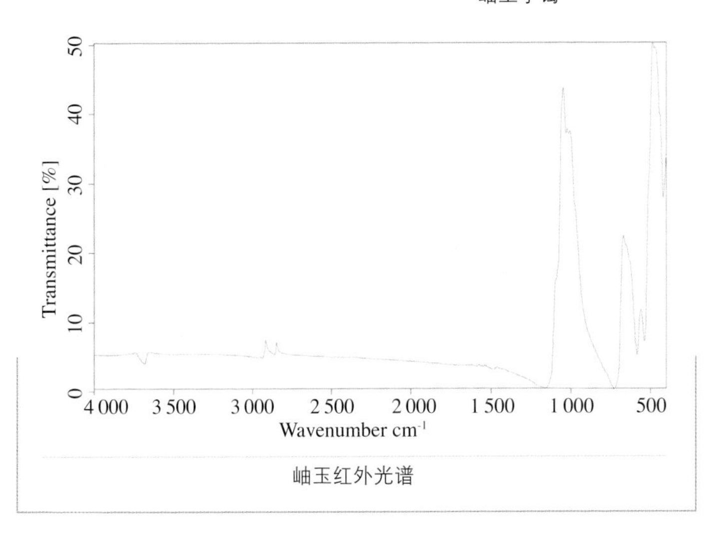

岫玉红外光谱

马来玉（染色石英岩）：玻璃光泽，粒状变晶结构，折射率 1.55，相对密度 2.65，表面可见沟渠网状纹和龟裂现象，有油脂感。

马来玉手镯

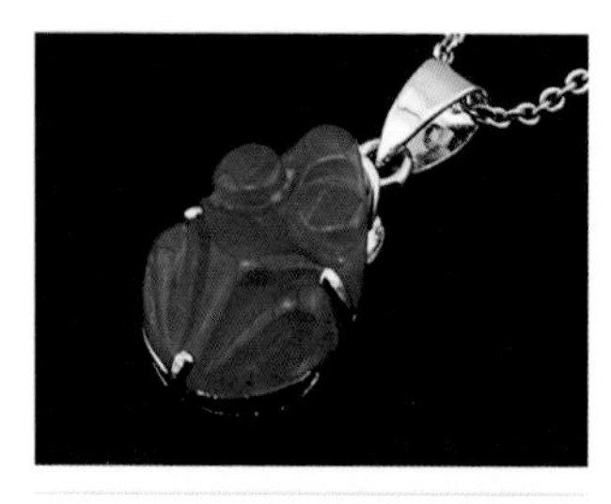

马来玉吊坠

东陵玉

东陵玉：油脂光泽，粒状结构，折射率 1.55，相对密度 2.65，摩氏硬度 6.5 ～ 7，放大可见粗大的铬云母鳞片，在滤色镜下呈褐红色。

澳玉：玻璃光泽，隐晶质结构，折射率 1.54，相对密度 2.60，摩氏硬度 6.5 ～ 7，结构细腻、通体均匀、无翠性。

澳玉原石

澳玉戒面

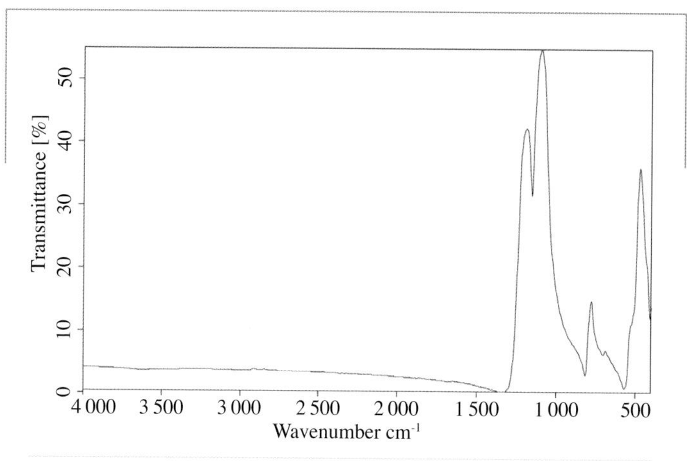

石英质玉（包括：东陵玉、马来玉、澳玉）红外光谱

水沫子（钠长石玉）：弱玻璃光泽，接近蜡状光泽，粒状变晶结构，块状构造，折射率 1.52 ~ 1.54，相对密度 2.57 ~ 2.64，摩氏硬度 6，有较多白色的石脑或绵，平行定向排列。

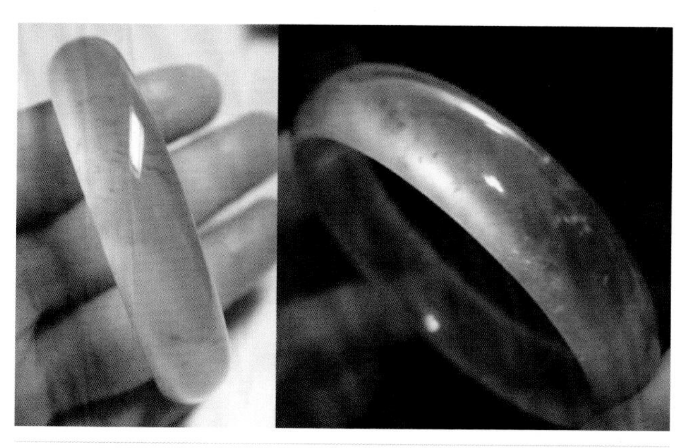
水沫子手镯

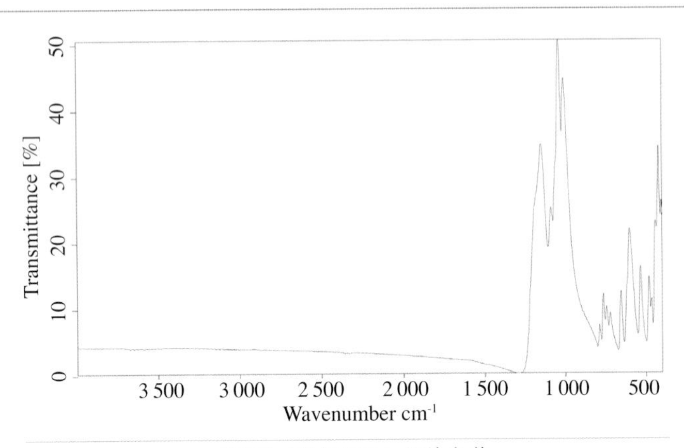

水沫子（钠长石玉）红外光谱

独山玉：油脂光泽至玻璃光泽，粒状变晶结构，折射率 1.52 ~ 1.56，相对密度 2.73 ~ 3.18，摩氏硬度 6 ~ 6.5，有黑色色斑，颜色不鲜艳，可见多种矿物包裹体，绿色在滤色镜下显红。

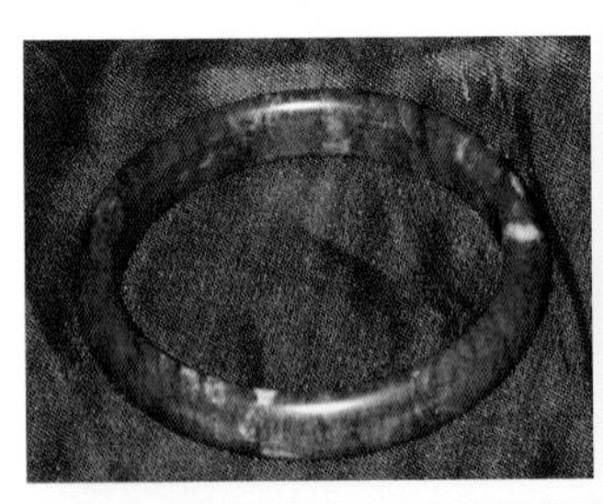

独山玉手镯及原石

符山石

符山石（加州玉）：玻璃光泽至油脂光泽，放射状纤维结构，折射率 1.71，相对密度 3.4，摩氏硬度 6 ~ 7，颜色较均匀，局部可见细小的绿色团粒。

葡萄石：玻璃光泽，放射状纤维结构，折射率1.616～1.649，相对密度2.80～2.95，摩氏硬度6～6.5，颜色多为蓝绿色、黄绿色，常带灰色调，颜色较均匀，莹光较强。

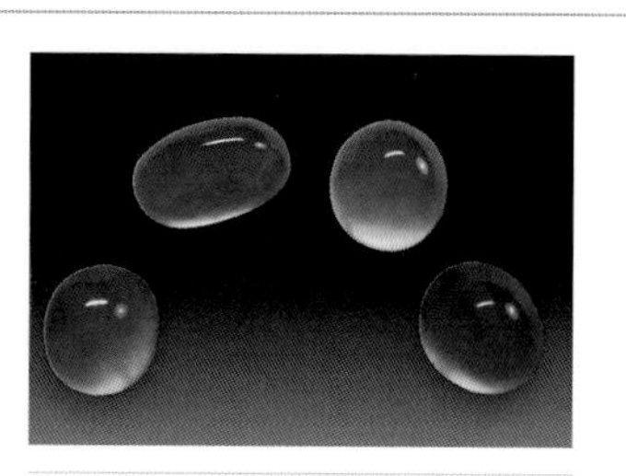

葡萄石蛋面

水钙铝榴石：玻璃光泽至油脂光泽，粒状结构，折射率1.70～1.73，相对密度3.35，摩氏硬度7，颜色分布不均匀，但深浅一致，色调一样，常可见黑色色块包裹体。

水钙铝榴石戒面

脱玻化玻璃：玻璃光泽，非晶质体，无结构，折射率1.50～1.52，相对密度2.40～2.50，摩氏硬度5，可见圆形气泡和漩涡状波纹。

脱玻化玻璃吊坠

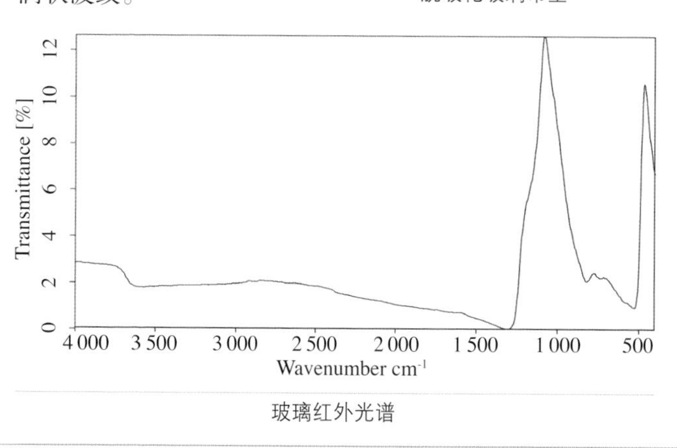

玻璃红外光谱

（四）合成翡翠

人工合成翡翠技术的研究始于20世纪60年代。1963年，贝尔（Bell）和罗茨勃姆（Roseboom）发现翡翠是一种低温高压矿物，必须在高压条件下才能合成，从而开始了真正意义上的翡翠合成研究工作。80年代，我国吉林大学和中国科学院长春应用化学研究所、中国科学院贵阳地球化学研究所等单位也进行了合成翡翠的试验。但由于实验条件和设备所限，难以实现硬玉由非晶质向晶质体的全面转化，同时，致色离子 Cr^{3+} 难以进入其晶格中，最终合成的硬玉样品属非宝石级，仅为不等量的硬玉微晶和玻璃体的混合物。

20世纪80年代，美国通用电气公司（GE）也开始了合成翡翠的研究，并于1984年12月在世界上首次人工合成了翡翠。其方法是，将粉末状钠、铝和二氧化硅加热至2 700℃高温熔融，然后将熔融体冷却，固结成一种玻璃状物体；再将其磨碎，置于制造人造钻石的高压炉中加热。为了获得各种翡翠的颜色，可以加入一定的致色离子：加少量的铬离子变成绿色，铬离子过量就成黑色，加少量锰离子可以得到紫色等。这种高压下加热结晶的产物就是合成翡翠。合成翡翠的成分、硬度、相对密度等方面与天然翡翠基本一致。由于合成翡翠的技术目前尚不成熟，所以合成翡翠的透明度差，发干，颜色不正，比较呆板，无翠性。

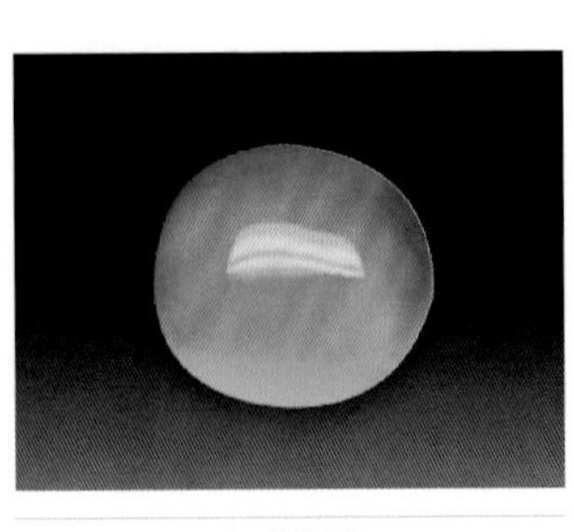

合成翡翠

六

翡翠的投资与收藏

近些年来，翡翠的价格一路飙升，拍卖会上也都会有天价翡翠成交，且成交率逐步攀升。1995 年，佳士得以 3 000 万元人民币的价格拍出一串翡翠珠链；1996 年，又拍出一只 1 000 余万元人民币的翡翠手镯；1997 年，又一串翡翠珠链以 7 000 多万元人民币拍出，这在当时创造了单件翡翠的最高拍卖纪录，从而引起了极大的震撼和轰动，使得更多的翡翠爱好者涌入了翡翠投资和收藏的行列。2004 年北京秋拍，佳士得共收集了 99 件翡翠，创造了 74 件成交的佳绩，成交率高达 75%；苏富比共收集了 91 件翡翠艺术品，成交 53 件，成交率达到 58.3%。而在香港，苏富比瑰丽珠宝及翡翠首饰 2014 年春季拍卖会上，总成交额达 8.316 亿港元，其中，最珍贵的一件翡翠珠项链——来自于传奇名媛芭芭拉·赫顿（Barbara Hutton）旧藏之天然翡翠项链，拍得 2.14 亿港元的天价，刷新任何翡翠首饰及任何卡地亚首饰的世界拍卖纪录。翡翠拍卖不断攀升的价格和屡创新高的拍卖纪录，让更多人认识到了翡翠的投资和收藏价值。

翡翠项链，18K 白金镶嵌钻石，白玻璃种翡翠蛋面，个大饱满起莹光

（一）投资收藏翡翠的理由

近年来，随着翡翠市场的蓬勃发展和人们对翡翠认知的不断提高，很多人加入到了翡翠投资收藏的行列，希望能获得预期的收益。那么，翡翠价格为什么会年年攀升？翡翠是否值得投资收藏呢？

翡翠花篮耳坠，翡翠蛋面，质地细腻，冰种阳绿，设计新颖时尚

大家都听过吕不韦奇货可居的故事吧，奇货可居是指把少有的货物囤积起来，等待高价出售，即所谓的物以稀为贵。导致翡翠稀缺的原因主要表现为以下五点。

首先，翡翠产地单一，形成条件特殊。翡翠的生长条件极为苛刻，翡翠的形成需要一种相当难得甚至自相矛盾的环境，它要求极高的压力和较低的温度，在全球范围内，能满足翡翠形成要求的地质环境只有缅甸北部一个极小的地区，因此翡翠的蕴藏量非常低。而日本、苏联、墨西哥、美国加利福尼亚州等地虽也产有少量硬玉，但其质量远达不到宝石级别，这使得缅甸成为宝石级翡翠的唯一产地。

有关专家分析认为，翡翠主要产于缅甸，具有产地唯一性的显著特点，不像钻石、猫眼石等其他贵重矿石那样多产地、成矿相对丰富，这也决定了翡翠资源日趋枯竭是一个必然的结果。有资料显示，翡翠市场价格已连续上涨了十多年。在近些年的翡翠原料公开拍卖中，底价数万元人民币的原料多以高出数十倍的价格成交。

考虑到未来十年国内对中高档翡翠的需求将迅速提高，原料供应不足也将造成翡翠首饰和工艺品成品价格的大幅上涨。正是由于翡翠所独具的稀缺性和不可再生等特点，使得天然高档翡翠成为珠宝收藏者和投资者的首选。但要特别说明的是，只有中高档天然A货翡翠才具有投资收藏价值。

其次，疯狂开采，使翡翠矿源面临殆尽。世界上出产宝石级翡翠的地方只有缅甸的北部地区，而在缅甸翡翠矿区的宽度不足30千米，长不足150千米，历经了几百年的挖掘和开采，新的场口已极少出现，而老场口开采出高档翡翠的概率也在不断下降，翡翠原料已近于枯竭，优质的翡翠原料已越来越少。

另一方面需要注意的是，随着翡翠开采技术越来越先进，缅甸已经开始使用机械化开采作业，故缅甸在过去20年的翡翠开采量，相当于此前300年开采量总和的10倍。在1995之前的翡翠开采手段仍然极为原始，完全依靠人工进行开采，采玉人腰间系有绳子，并坠着石头进入水中，嘴中咬着塑料管，靠手摸脚踩寻找些许翠料，采到后用竹编箩筐带上岸，但大多时候是空手而返，并且时常发生溺水丧命等情况。到了1996年以后，主要采取堵截河流、抽空积水，并使用大型挖掘机进行几乎破坏性的开采。尤其是近年来，更是使用大量的炸药将整个矿脉炸开，这也是近十年中会有一些高档翡翠出现在市场的原因。与此同时，如此开采也使原本需百年采尽的矿源可能在短短十几年内就被采掘殆尽。翡翠矿主对于翡翠原矿的这种竭泽而渔式的破坏性开采使得翡翠矿石越来越少，高质量的翡翠更是一石难求。

第三，高档矿源匮乏及缅甸政府的限制出口政策。虽然目前翡翠的价格涨幅惊人，但实际上涨幅比较快的仅仅是高档翡翠材料，这些材料每年五倍、十倍地增长。而普通的中低档翡翠，价格虽然也在涨，但涨幅不大；而最低档的砖头料，几乎是五年前什么价，现在还是什么价。

随着近年来缅甸的高档翡翠原材料开采几近枯竭，缅甸政府为了保护翡翠原料资源，对翡翠出口政策进行了调整，如限量开采和限制高档翡翠出境，并严厉打击翡翠原料的走私，目前只允许仰光、曼德勒进行出口贸易。而市场对于高档翡翠的需求势头依然不减，导致高档翡翠的价格具备极大的上涨空间。

缅甸公盘市场上的翡翠石料

第四，翡翠的无可替代性。目前，世界五大宝石中，钻石、红宝石、蓝宝石、祖母绿和金绿宝石都有相应的人工合成品充斥着整个市场。合成品的出现弥补了珍贵宝石的稀缺性，也满足了市场部分消费者的消费需求。而多年来，翡翠一直是没有任何替代品的，到目前为止，没有一个国家的哪一个科研机构能人工合成出与翡翠相似的合成宝石。苏联、美国、中国都做过相关的实验，但是迄今为止还没有成功，做出来的产品不是不透明、颗粒感强，像低档的石英岩类矿物，就是太过透明，一看就似玻璃类的非玉石类东西。目前，中国高级工程师，红、蓝宝石合成技术奠基人沈才聊先生也在负责此项研究，期待在不久的将来，能成功合成成熟的合成翡翠，改善市场供求失衡的局面。当然，真的假不了，假的真不了，对于收藏者和投资者来说，保真才是最重要的。

第五，人民币对外升值，对内通胀的发展趋势。随着人民生活水平的提高，人民币对世界其他货币在不断升值，而在国内，人民币却承受着较大的通胀压力。所以，笔者认为“乱世藏金、盛世藏玉”，黄金作为人们的投资首选时代已成为过去，珠宝投资收藏首选当为翡翠。

（二）翡翠投资收藏的优势

从珠宝玉石自身特性而言，投资收藏翡翠无论从其美丽程度、稀有性或耐久性来评价，翡翠都不亚于其他稀有宝石。而翡翠与其他珠宝玉石相比还有更多的优势。

满绿翡翠佛摆件，老坑艳绿，种老肉细，料足厚实，工艺精湛，是翡翠收藏中的极品

首先，高档天然翡翠十分稀有珍贵。多数宝石是单晶体的，如钻石，只要按4C分级，找到颜色、净度、切工、重量一样的，基本就很难区分，市场上容易找到相同的另一颗钻石。而翡翠是多晶质集合体，它的表现是千变万化

的，要找到完全相同的两块翡翠几乎是不可能的。所以，翡翠一块是一块，没有重复性，错过了也不再可寻。

其次，翡翠性质稳定，易于保存。翡翠不似珊瑚、珍珠那些有机宝石，怕强酸强碱，怕刮磨摔伤，需小心保护。翡翠的玉石特性十分稳定，不会随温度、气候等不稳定因素改变；其硬度较大，一般钢刀难以划伤；不惧弱酸性或弱碱性液体，不需特定保护、护理，历久保存，光亮如新。

第三，便于携带，方便收藏。翡翠的体积一般较小，无论价格高低，都可以随身携带或佩戴。翡翠不像黄金那么重，也不像红木制品那么大，隐秘性好，不引人注目，易于收藏。

老坑玻璃种翡翠蛋面，料大厚足，种老色艳，一紫一绿，翡翠收藏中的传世极品物件

第四，翡翠价格稳定上升。俗话说："黄金有价，玉无价。"说明黄金的价值是可以衡量的，是以其金的含量和重量作为评定标准的。而作为玉石之王的翡翠，其价值却是无法估量的。所谓无价，并不代表翡翠真的没有价值，而是因为翡翠没有一个统一的质量评定标准，更不用说有建立在质量分级基础上的统一的翡翠价格的认

翡翠怀古，冰种料厚，颜色鲜亮，造型古朴

定体系了。因为翡翠自身的独特性，其大小、质地和品级参差不齐，评价起来也高高低低，很难找到一个统一的价格标准。所以人们总说翡翠是有市无价的特种商品。其价格波动性大，随意性大，它不像钻石可以依据4C分级来定价，也不像黄金和白银一样可以依赖金属含量和重量来确定价格。翡翠的价值，实际上是一种感观上的美学价值与自然资源稀缺的经济价值。

从翡翠原料市场和拍卖会看，近20多年来翡翠价格一直处于上升期，即使全球处于经济危机的时候，翡翠价格还是呈不降反升趋势。据《珠宝科技》中有关资料统计，在20世纪70年代初至90年代初短短20多年时间里，高档翡翠价格上涨最大，高达2 000%，即20倍。从20世纪80年代中期至今，特级翡翠的价格则暴涨了近3 000倍。

（三）翡翠质量的评价因素

评价一件翡翠是否具有投资收藏价值，可以从颜色、透明度、质地、净度、雕工、重量六个方面进行，涉及行业中常提及的“色”“种”“水”“地”“工”等俗称。

1.颜色

翡翠的颜色是评价翡翠质量的关键因素之一。好的颜色要达到的标准是：浓、阳、正、匀、和。

① 浓。指翡翠颜色的深浅，即饱和度和明亮程度都要适中，过浅的绿色明亮但不艳丽，过浓的绿色透明度低，略带沉重。

② 阳。是指翡翠颜色的鲜艳明亮程度，翡翠的明亮程度主要是由翡翠含绿色和黑色或灰色的比例来决定的。绿色比例多颜色会明亮，若含黑或灰色多了，颜色

故宫藏翡翠十八子手串，中有 4 个碧玺结珠，下连蓝晶石和黄晶石坠角

就灰暗了。行家往往采取形象的方法来表示颜色的鲜亮。例如：黄杨绿、鹦鹉绿、葱心绿、辣椒绿都是指鲜亮的颜色；而菠菜绿、油青绿、江水绿、黑绿，则指颜色沉闷的暗绿色。越鲜艳的翡翠，价格越高。

③ 正。是指色调要纯正，根据主色与次色的比例而定。一般高档翡翠收藏品都要具备纯正的颜色，而略带黄色、灰色、蓝色等其他色调均被视为杂色，杂色越浓，翡翠质量越低。

④ 匀。是指翡翠颜色分布的均匀度。天然翡翠的颜色一般多呈丝状、片状分布，很难达到均匀。如颜色能达到均匀，实属不易。

⑤ 和。指的是翡翠不同颜色之间分布是否和谐。翡翠颜色中，绿色为上品，但翡翠的绿色多集中在丝状、片状的集合体中，而其周围常为浅色、无色或其他颜色的基调，当翡翠中的绿色与其周围的基调颜色能达到一种协调和互为映衬的关系时，颜色质量也将被视为上乘。而同块翡翠中也经常出现不同颜色的组合，如“春带

彩”“福禄寿”等。不同的颜色搭配为翡翠的艺术创作提供了丰富的想像。而对于翡翠质量评价来说，同一块翡翠的颜色越多越和谐，其价格自然也就越高。

2. 透明度

翡翠的透明度是指翡翠对可见光的透过程度，翡翠行业内又称为“水头”。透明度的好坏在行业中常用“长”“足”和“短”表示，称之为“水头长”“水头足”或“水头短”，也可用“一分水”“二分水”来表示。翡翠是多晶质集合体，多数为半透明、甚至不透明，很少像单晶体宝石，如祖母绿那样透明。翡翠越透明表明其品质越高。良好的透明度可使翡翠的绿色更为鲜活灵动，行话说：“外行看色，内行看种”也代表着透明度是评价翡翠质量最重要的标准之一。如果透明度高，达到行话所说的“起莹”或“起扛”，且颜色艳丽兼得，则该翡翠为翡翠中的上品。

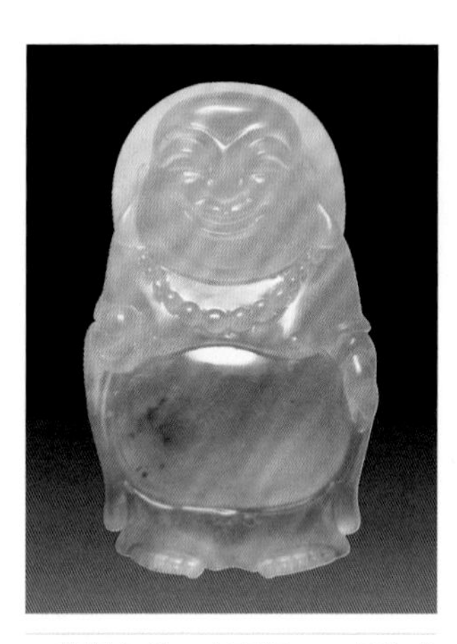

翡翠立佛，木那场口，老坑玻璃种，肚子阳绿色，揭阳雕工

3. 质地

质地是指翡翠的结构，是组成翡翠的结晶微粒的粗细、大小、结晶体的形状及其结合的方式。颗粒越细，透明度越高；玉质越细，抛光度越好，光泽也就越强。

翡翠的质地越细腻、水润、无颗粒感，其价格就越高；反之，若颗粒粗大、结构松散、颗粒感强，其价

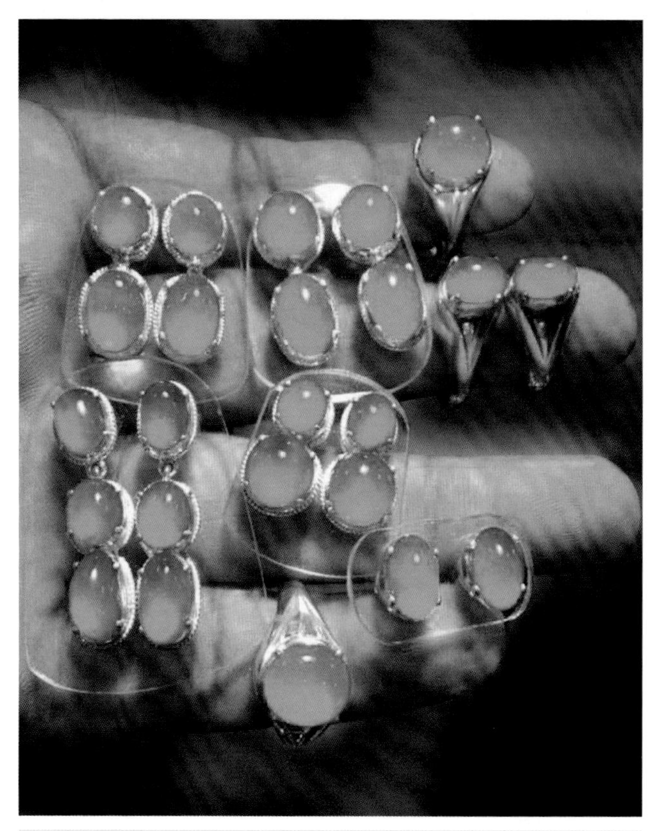

翡翠蛋面，玻璃种、起莹光、阳绿色、满色、完美无瑕

格自然也一落千丈。翡翠的质地按优劣可分为：玻璃地、冰地、糯化地（藕粉地）、豆地、瓷地等几大类。

4. 净度

翡翠与其他宝石一样，净度是评估价格的一大因素。翡翠的瑕疵，包括脏色和裂隙（绺裂）等。在评价翡翠时，根据瑕疵对翡翠美观造成的损伤程度来决定翡翠的价格。也就是说，净度越高则翡翠的品质越高；另一方面，对于瑕疵而言，黑花对翡翠的影响比白花来得大。

5. 雕工

“玉不琢，不成器”，翡翠的雕工是指翡翠的选材设计、切割比例、雕刻工艺及抛光工艺等几个方面。而翡翠的成品加工，分为素面成品和雕花成品两大类。对于素面翡翠，要求切割比例适中，抛光优良；对于雕花饰品来说，工匠们的巧妙构思、娴熟技艺将起到决定性的作用。一块翡翠成品，既要注意它的形状好坏，也不能太薄、不能扭歪，应薄厚适中。若为戒面，其形状则要像白果或桃子那样饱满大方。

素面成品对原料要求较高，要求原料不能有裂纹，因为一旦有裂纹就很容易显露出来，影响价格。有裂纹的翡翠，大都用来做雕花件，通过雕刻手法掩盖裂纹，即所谓的“无绺不雕花”。

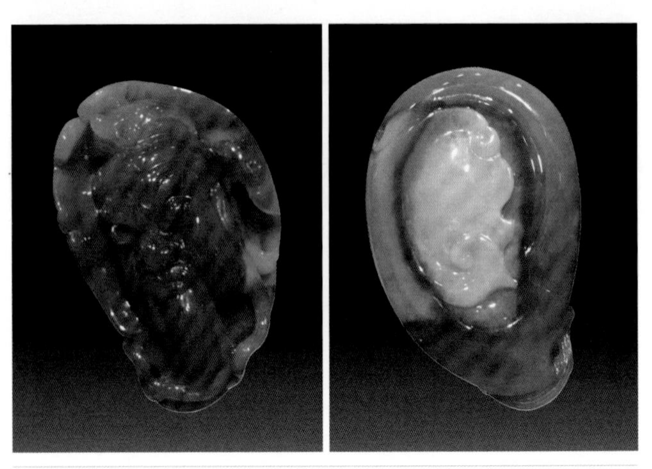

糯冰种黄翡关公头像挂坠

6. 重量

翡翠制品的价格不受重量的严格限制，但是在颜色、质地、透明度、净度等质量相同或相近的情况下，体积越大、重量越大，其价格也就越高。

翡翠分级国家标准对翡翠行业的一些术语和定义进行了确定，为消费者明示了颜色、透明度、结构、净度、雕工、重量等质量评判因素。相关质量检验中心出具的分级证书，也可以使消费者快速地从较专业的角度来评判一件翡翠饰品的优劣，使消费者购买得放心。

只有规范的、清晰的行业标准才能促进行业的良性发展。

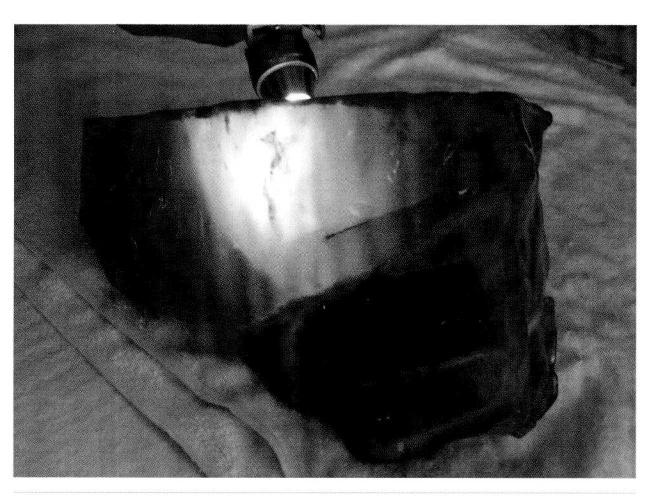

翡翠材料的色、种、水、地、重量等决定了其市场价格的高低

（四）翡翠投资收藏的注意事项

第一，保真。消费者无论是收藏还是投资翡翠，有一点是必须明确的——保真，即保证购买的是翡翠 A 货。收藏和投资两者尽管有所差异，但是有一点是要共同注意的，这也是所有收藏和投资行为的前提，即保真。前文已经提到了翡翠 A、B、C、D 货的鉴别，对于外观看上去类似的翡翠，A 货的价格和 B、C、D 货的价格差异

收藏和投资应该是有所区别的两个概念。收藏多数是出于一种兴趣爱好，带有一定的娱乐性质。因此，收藏者大多收藏自己所喜爱的物品；而投资是一种商业行为，目的在于低价买进高价卖出赚取利润，因此要投其所好，即购买能够引起他人兴趣的物品以待出售。

极大，可谓天壤之别。倘若不幸购买的是 B、C、D 货翡翠，则毫无保值、升值功能可言。因此，保证所收藏和投资的是未经任何人工处理的天然 A 货翡翠是至关重要的。

第二，注意渠道，保证价实。在保证收藏和投资的是 A 货翡翠的前提下，要考虑翡翠价格是否实在，即是否物有所值。这点对于不想从事商业行为的收藏者来说可能不是很重要，常言道“千金难买乐意”，只要买家觉得开心就值得，贵贱则是其次。然而对于投资者来说，

翡翠下山虎挂件，冰种黄翡，雕工精细，下山虎形态凶猛有力

18K 镶翡翠吊坠，用红翡、绿翠、白冰蛋面，外加钻石一起设计出诙谐可爱的猫咪

这一点却是极其重要的。如果在投资翡翠的时候价格已经被高估了很多，其升值的空间已经在不知不觉中被削弱了，那么想要再高价卖出牟取利润就变得相对困难了。为此，建议投资者注重收藏的渠道。正确的收藏渠道不仅可以保证翡翠天然 A 货的品质，而且可以降低初始投资的价格。建议投资者不要在商场购买翡翠，因为零售业尤其是商场的翡翠通常加高了利润，价格普遍虚高。投资者可以到保证质量的大型专业珠宝市场或者做翡翠批发的企业购买。

第三，精挑细选，宁缺毋滥。大多数收藏者和投资者都是翡翠爱好者，其中有些人遇到符合自己品味的翡翠就爱不释手，一定要据为己有才能安心。结果买了很多件价格不等的翡翠分散了投资，当遇到真正有收藏和投资价值的翡翠时，已囊中羞涩。在此，建议要收藏值得收藏的翡翠，做到少而精即可。好的东西大家都喜欢，例如玻璃种的正色翡翠人见人爱，倘若出手，无论通过何种渠道都是

翡翠花型胸针，阳绿满色，质地细腻，时尚新颖

翡翠玫瑰花胸针，阳绿满色，质地细腻，时尚新颖

有市场需求的。当然，极品翡翠毕竟数量有限并且价值连城，有能力收藏投资的人也不多。那么，我们就在力所能及的范围内，投资综合评估分数相对高的翡翠。

评定一块翡翠的好坏，最基本的是要从“种”“色”“工”三个方面考虑。倘若经济能力无法达到收藏种、色、工俱佳的翡翠，那就选取一方面极好或两方面颇好的进行收藏。

第四，学会辨认真假证书。收藏翡翠者在购买时一定要看准是否是天然A货翡翠，如果看不明白，最好让商家出示有专业鉴定机构出的具有法律效力的鉴定证书，千万不可大意或太过相信自己的眼力。随着翡翠流行热潮的到来，有些不法分子投机取巧，通过做假证书欺骗消费者。面对此种情形，消费者一方面要充实自己的专业知识，更为重要的是还要学会辨认真假证书。以下是权威的珠宝鉴定证书必带的三个标记。

CMA——是检测机构计量认证合格的标志，具有此标志的机构为合法的检验机构。根据《中华人民共和国产品质量法》的有关规定，在中国境内从事面向社会检测、检验产品的机构，必须由国家或省级计量认证管理部门会同评审机构评审合格，依法设置或依法授权后，才能从事检测、检验活动。

CAL——是经国家质量审查认可的检测、检验机构的标志。具有此标志的机构有资格做出仲裁检验结论。具有CAL标志的前提是具有CMA资格。具有CAL资格比仅具有CMA资格的机构工作质量、可靠程度进了一步。

CNAL——国家级实验室的标志（CMA、CAL仅表示通过了省级质量技术管理机构的考核、认可）。根据中国加入世贸组织的有关协议，CNAL标志在国际上可以互认，比如说能得到美国、日本、英国等国家的承认。

CMA
2011010392Z
北京古今宝珠宝检测中心
BEIJING GUJINBAO JEWELRY TESTING CENTER
GJB

珠宝玉石鉴定证书
IDENTIFICATION CENTIFICATE OF GEMS & JEWELRY

中国国际交流促进会珠宝质量监督检验中心
CHINA INTERNATIONAL EXCHANGE ASSOCIATION JEWELRY TESTING CENTRE

http://www.cgjb.org

北京市西城区新街口北大街59号万丰珠宝城 5层5150室

010-8220 6536 / 8220 6978

CMA 标志

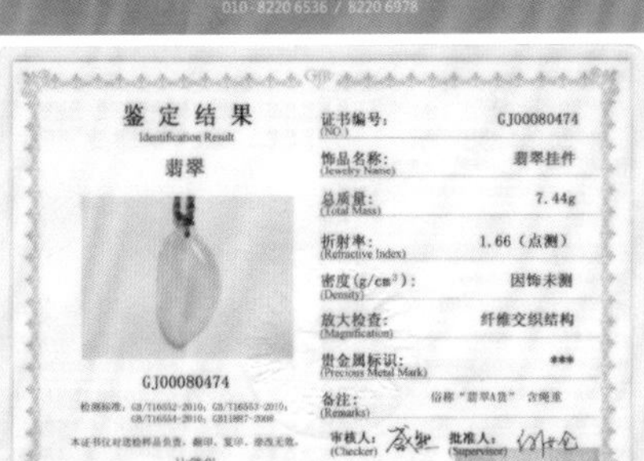

鉴定结果
Identification Result

翡翠

GJ00080474

证书编号：(NO.)	GJ00080474
饰品名称：(Jewelry Name)	翡翠挂件
总质量：(Total Mass)	7.44g
折射率：(Refractive Index)	1.66（点测）
密度(g/cm³)：(Density)	因饰未测
放大检查：(Magnification)	纤维交织结构
贵金属标识：(Precious Metal Mark)	***
备注：(Remarks)	俗称"翡翠A货" 含绳重

审核人：(Checker) 批准人：(Supervisor)

北京古今宝珠宝检测中心的鉴定证书

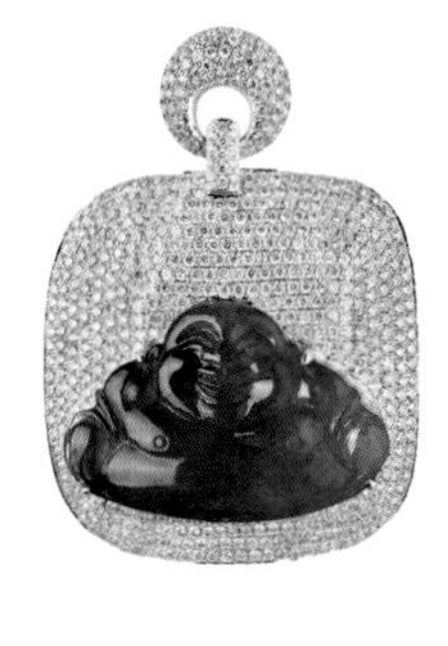

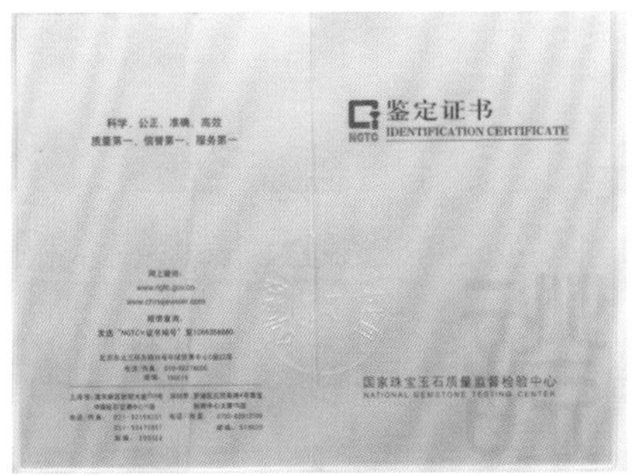

科学、公正、准确、高效
质量第一、信誉第一、服务第一

鉴定证书
IDENTIFICATION CERTIFICATE
NGTC

国家珠宝玉石质量监督检验中心
NATIONAL GEMSTONE TESTING CENTER

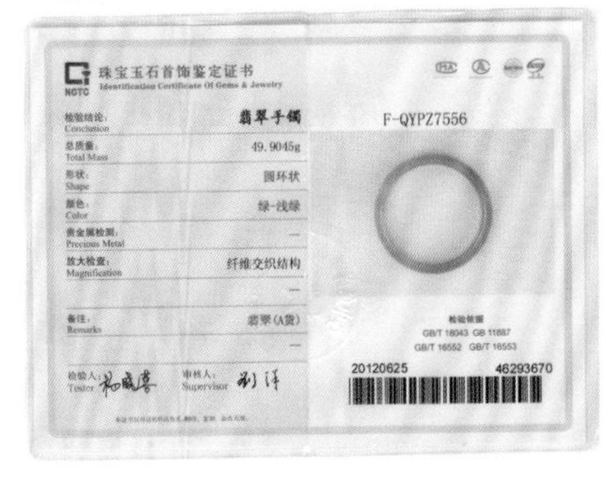

珠宝玉石首饰鉴定证书
Identification Certificate Of Gems & Jewelry
NGTC

F-QYPZ7556

检验结论：Conclusion	翡翠手镯
总质量：Total Mass	49.9045g
形状：Shape	圆环状
颜色：Color	绿-浅绿
贵金属检测：Precious Metal	—
放大检查：Magnification	纤维交织结构
	—
备注：Remarks	翡翠(A货)
	—

检验人：Tester 审核人：Supervisor

检验依据
GB/T 18043 GB 11887
GB/T 16552 GB/T 16553

20120625 46293670

国家珠宝玉石质量监督中心的鉴定证书

CAL 标志

CNAL 标志

以上三个标志任何一个都有效，特别是第一个标记CMA，是国家法律对检测检验机构的基本要求。

全国珠宝首饰鉴定检测机构一览表

机构	地址	电话
国家珠宝玉石质量监督中心	北京市安定门外大街小黄庄路19号	010-84273637
国家珠宝玉石质量监督中心上海实验室	上海市梅川路1209号新长征商务大厦15层	021-52653201
中国轻工总会宝玉石监督中心上海检测站	上海市新华路365弄6号	021-63220033-310
湖北省宝玉石质量检验中心	武汉市武昌中国地质大学珠宝学院	027-87481009
湖北武汉金银珠宝检测中心	武汉市汉口利济北路246号	027-85832594
湖北省黄石金银饰品质量监督中心	湖北省黄石市武汉路186号	0714-6232742
北京协宝珠宝检测中心	北京新街口前公用胡同14号	010-66156164
深圳市珠宝首饰检测中心	深圳市罗湖田贝四路42号万山工业区2号	0755-25500361
天津宝玉石检测中心	天津市昆明路74号	022-2730225
重庆市宝石产品质量监督检验站	重庆大学中心实验楼318室	023-69852528
广东省金银饰品检测中心	广州市农林下路81号之三隧局大厦	020-87301500
广东省技术监督珠宝玉石质量监督检验站	广州市东风东路751号	020-87777771-3298
上海中宝宝玉石检测中心	上海市武夷路242号	021-52389058
浙江省珠宝玉石质量监督检验站	杭州市体育场路498号	0571-5157210

续表

机　构	地　址	电　话
江苏省技术监督局南京大学珠宝产品质量检验站	南京市汉江路22号（南大新教楼104室）	025-3593789
江苏省黄金饰品检验中心	南京市中山东路534号	025-6641708
江苏省技术监督珠宝首饰质检站	南京市珠江路700号	025-6646182-265
江苏省无锡市宝石检测中心	无锡市916信箱	0510-3792724
福建省宝玉石质量监督检验站	福州市洪山桥梁厝97号	0591-3711183
福建省金银检测站	福州市北环中路61号	0591-7841535
云南省珠宝检测中心	昆明市北京路35号	0871-3511583
贵州省金银珠宝玉石产品质检站	贵阳市北路76号	0851-6822333-408
四川省成都市产品质量监督检验所	成都市衣冠庙永丰路9号	028-5180554
四川省成都金银珠宝质量监督检验站	成都市二仙桥东三路1号	028-3334712-4512
湖南省黄金宝玉石制品质检站	长沙市南大路84号	0731-5160105
陕西省西安宝石鉴定中心	西安市雁塔路南段6号	029-5525062
甘肃省宝玉石鉴定中心	兰州市红星一巷168号	0931-8886737
黑龙江省宝玉石质量监督检查站	哈尔滨市中心路65号	0451-5662783
吉林省产品质量监督检验所	吉林市吉林大街42号	0432-4661517
辽宁省大连金银宝玉饰品监督检验中心	大连市万岁街68-2号	0411-4604512
河北省金银宝玉饰品质检站	保定市百花路53号	0312-30269320

（五）翡翠的保养

对于翡翠的保养，玉石界一直是众说纷纭。《玉说》中介绍："盘旧玉法，以布袋囊之，杂以麸屑，终日揉搓抚摩，累月经年，将玉之原质盘出为成功。"刘大同在《古玉辨》中说，古玉有"三忌""四畏"。所谓"三忌"即"忌油""忌腥""忌污秽"；所谓"四畏"即"畏冰""畏火""畏姜水""畏惊气"，现分述如下。

① 忌油。是指玉器应避免接触油腻、油脂，这些物质可封堵玉质的微细孔隙，使玉质中灰土无法排出，则

玻璃种黄阳绿色观音吊坠

玉器自然不会莹润，也不会透出所谓的“清光”。古人认为玉石中有排泄杂质的管道，曰“土门”，所谓“土门”即是指玉石中所具有的微细孔隙。玉器因在地下长期受水浸土蚀，微细孔隙中自然渗入土质或杂质。养护的目的便是尽量使其“吐”出杂质。

一旦玉器沾了油腻，解决的办法有二：一是用滚水煮一会儿，使其退油；二是将玉器放入干面粉中，使面粉吸除油脂。这样，可以不使“土门”闭塞，而渐渐现出宝光。

日常佩戴中，玉佩件每天都接触人体，同样沾有人体分泌的油脂等。也有两种办法可解决此问题，一谓之“温吐”，二谓之“干吐”。所谓“温吐”，即是在睡前将玉佩置入温水中浸泡，早晨再取出擦干佩戴；所谓“干吐”，就是前面刚提过的将玉器放入干面粉中，使面粉吸出玉器的油腻。然后佩戴时，在人体恒温及摩擦作用下，玉佩件又会沾上油脂。一般每隔四五个月，进行一次保养即可。

其实，玉器忌油的根本目的就是保持玉质微细孔隙的基本清洁。

② 忌腥。玉器与腥物接触，不但会使玉器含有腥味，也会伤至玉质。人们发现，在海滨出土的玉器，往往没有一件是完美的。这是由于腥气或腥液中所含的化学成分进入玉器内，和玉石内部的化学成分产生一定的化学反应，使玉质受损，所以玉器要避免与腥物接触。

③ 忌污秽。首先，污秽会使“土门”闭塞，而使玉质中的灰土不能退出；其次，污秽可能使玉质与其产生化学反应，使玉质受损。所以忌污秽是忌油和忌腥的综合，故玩玉之时，事先要洗净双手。

④ 畏冰。玩玉之人认为，如果玉器时常近冰或被冻，则色沁就不活，就会缺少润泽感，谓之“死色”。有人

以为将玉器放在冰箱中冷冻，会使其通透和质坚，其实是错误的。相反，冷冻不仅可能会使玉质产生不可逆的裂纹，而且还会破坏玉质（色沁）中吸附水的存在。另外，低温也会破坏玉石矿物之间的结构。

⑤ 畏火。玉器如果时常靠近火或热源，则可能使其色浆尽褪。所谓色浆主要是指玉器表面的光泽和透明度。玉器近火受热，尤其是高温，可导致裂纹的产生，从而可伤及玉质，使其失去光泽，降低透明度。此外，由于玉器多有过蜡，因而高温易使蜡融化而使表面光泽降低。这也是为什么我们看到珠宝店的玉器柜台中常常放着一杯水的原因。由于展示柜中的射灯温度较高，放水可以降低环境温度，增加环境湿度，从而降低射灯高温对玉石内部结构中透闪石的影响而破坏玉石结构。

⑥ 畏姜水。有些人本以为姜水乃除腥臭之物，正可除去玉器的土腥气或腐臭气，谁知姜水却会伤及玉质。玉与姜水接触，往往会使已有的沁色暗淡无光，如果浸得太久，还会使玉器浑身起麻点。即便以后不断把玩，

圆条翡翠手镯，颜色艳丽，料厚条粗，质地稍干，水头偏短

翡翠白菜摆件，白菜与百财谐音，有招百财、财源广进之意

也难以补救。

⑦ 畏惊气（怕跌）。是指当佩戴玉饰者不慎将玉器跌落在地或碰撞于硬物之上，重者粉身碎骨，轻则产生裂纹，即使看不见裂纹，也不意味着其完好无损。因为重撞之下，玉石内部结构总会受影响，即便是肉眼看不见的微细裂纹，也是玉器的隐患。因此，玩玉者讲究平心静气，戒惊戒躁，这也是修身养性之法。

由此可见，玉器的佩戴、把玩和养护，都是不可马虎的。而对于翡翠的保养，行内一直没有一个统一明确的说法，以笔者从事翡翠学习研究多年的实践，总结如下七条经验，供读者参考。

第一条，翡翠切忌硬碰硬，以免受损；碰撞后，有时表面上似无损，但实际上翡翠的内部结构因受到撞击而生暗纹。

第二条，翡翠很忌讳油烟油腻，如果是投资收藏的高档货，就不宜佩戴着进厨房做饭。

第三条，切忌高温暴晒，以免翡翠饰品干裂失色，并容易使其发生物理变化而失去化学成分中所含水分，导致翡翠失去光泽后鲜阳色调。

第四条，翡翠不可接触强酸溶液，否则会破坏翡翠的结构和颜色。

第五条，需经常佩戴或把玩翡翠。俗话说“人养玉，玉养人”，长期佩戴或把玩的翡翠由于受人体长期的“抛光”，其表面光泽会有一定程度的改观，所以行内有“藏不如戴”之说。

第六条，如果收藏品过多，长时间不佩戴的，可包上保鲜袋放置于冰箱内（只可冷藏，不可冷冻，温度不宜过低，时间也不宜过长）或阴凉处，切忌长期置于高温下，防止水分蒸发和发生物理性质的变化。

第七条，经常用软布或软刷浸水刷去留在翡翠饰品表面的污秽，以保持翡翠的清洁。